亲子同乐，送礼首选

网络达人妈妈教你做
72 款可爱造型饼干

冯嘉慧　著
周祯和　摄

河南科学技术出版社
· 郑州 ·

Contents

目录 I

本书使用方法	8
工具	10
材料	13
基本饼干面团	21
基本糖霜 I	21
基本糖霜 II	23

Chapter 1

欢乐的
节日庆祝

生日	卡片	★★★★★	26
生日	牛粒（小西饼）	★★★☆	28
情人节	心形蛋白饼	★★★★★	30
情人节	立体爱心	★★	32
复活节	鸡蛋	★★★★	34
毕业	纽扣	★★★★★	36
收涎	婴儿车	★★★★★	38
收涎	婴儿衣	★★★★★	40
收涎	摇摇马	★★★★☆	42
收涎	奶瓶	★★★★☆	44
万圣节	南瓜	★★★★☆	46
万圣节	断指	★★★	48
圣诞节	米果圣诞树	★★★★★	50
圣诞节	雪花片	★★★★★	52
圣诞节	拐杖饼干	★★★★	54
圣诞节	圣诞花环	★★★★☆	56

圣诞节	姜饼人 ☆☆☆☆	58
圣诞节	古典巧克力雪球 ☆☆☆☆☆	60
过年	麻将 ☆☆☆	62
过年	象棋 ☆☆☆☆	64

Chapter 2

梦幻的
童话故事

《糖果屋》	双色甜心棒棒糖 ☆☆☆☆	68
《糖果屋》	糖果 ☆☆☆☆☆	70
《白雪公主》	苹果 ☆☆☆☆☆	72
《白雪公主》	蝴蝶 ☆☆	74
《灰姑娘》	高跟鞋 ☆☆☆☆☆	76
《灰姑娘》	小洋装 ☆☆☆☆	78
《灰姑娘》	礼物 ☆☆	80
《三只小猪》	小猪 ☆☆	83
《三只小猪》	房子 ☆☆☆☆	86
《睡美人》	炸玫瑰花 ☆☆☆	88

Chapter 3

缤纷的 色彩花园

樱桃硬糖饼干 ★★★★ 92

叶子抹茶饼干 ☆☆☆☆ 94

双层小花饼干 ☆☆☆☆ 96

毛毛虫饼干 ★★★ 98

向日葵造型饼干 ★★★★ 100

草莓造型饼干 ☆☆ 102

蘑菇造型饼干 ☆☆ 105

橘子片软糖饼干 ★★★ 108

蜗牛造型饼干 ☆☆ 110

蝴蝶酥 ★★★★ 112

果酱年轮饼 ☆☆☆☆☆ 114

Chapter 4

可爱的 动物朋友

小熊 ★★★★ 118

奶油狮 ★★★☆ 120

兔子 ★★★★ 122

大头狗 ★★★★ 124

熊掌 ★★★ 126

小猴子造型饼干 ★★ 128

巧克力马卡龙小熊 ★★★ 130

小花狗 ★★★★ 132

刺猬 ★★★★ 134

玛德莲小熊爪 ★★★ 136

章鱼 ★★★★ 138

Chapter 5

有趣的户外小物

国旗饼 ★★★☆ 142

汉堡包 ★★★★ 144

橄榄球 ★★★★☆ 146

啤酒杯 ★★★ 148

比基尼 ★★★★☆ 150

蓝莓风车派 ★★★★☆ 152

船形夏威夷果 ★★ 154

奶油巧克力卷 ★★ 156

Chapter 6

特殊的风味饼干

粉红蕾丝马卡龙 ★★★ 160

奶油橘子杯 ★★★★ 162

草莓巧克力棒 ★★★★ 164

美式巧克力豆曲奇 ★★★★☆ 166

杏仁酥条 ★★★★☆ 168

玫瑰花酿饼干 ★★★★★ 170

巧克力杏仁片 ★★★★★ 172

豆沙椰子球 ★★★★★ 174

核桃酥 ★★★★★ 176

丹麦曲奇 ★★★★☆ 178

葡萄干小西饼 ★★★★☆ 180

罗蜜亚杏仁脆糖 ★★★ 182

Contents 目录 II

以糖霜、塑形、冷冻、压模、挤花、酥皮、模型等为造型饼干的种类，方便您快速找寻想要的点心。

糖霜饼干

卡片	26
鸡蛋	34
婴儿车	38
婴儿衣	40
摇摇马	42
奶瓶	44
南瓜	46
雪花片	52
圣诞花环	56
姜饼人	58
麻将	62
象棋	64
糖果	70
苹果	72
高跟鞋	76
小洋装	78
国旗饼	142
汉堡包	144
橄榄球	146
啤酒杯	148
比基尼	150

塑形饼干

断指	48
拐杖饼干	54
古典巧克力雪球	60
双色甜心棒棒糖	68
毛毛虫饼干	98
刺猬	134
汉堡包	144
奶油橘子杯	162
草莓巧克力棒	164
美式巧克力豆曲奇	166
豆沙椰子球	174
核桃酥	176
葡萄干小西饼	180

冷冻饼干

蝴蝶	74
礼物	80
小猪	83
草莓造型饼干	102
蘑菇造型饼干	105
蜗牛造型饼干	110
熊掌	126
小猴子造型饼干	128
玫瑰花酿饼干	170
巧克力杏仁片	172

压模饼干

卡片	26
立体爱心	32
鸡蛋	34
纽扣	36
婴儿车	38
婴儿衣	40
摇摇马	42
奶瓶	44
南瓜	46
雪花片	52
圣诞花环	56
姜饼人	58
麻将	62
象棋	64
糖果	70
苹果	72

高跟鞋	76
小洋装	78
房子	86
炸玫瑰花	88
樱桃硬糖饼干	92
叶子抹茶饼干	94
双层小花饼干	96
向日葵造型饼干	100
橘子片软糖饼干	108
小熊	118
奶油狮	120
兔子	122
大头狗	124
小花狗	132
章鱼	138
国旗饼	142
橄榄球	146
啤酒杯	148
比基尼	150

挤花饼干

牛粒（小西饼）	28
心形蛋白饼	30
巧克力马卡龙小熊	130
奶油巧克力卷	156
粉红蕾丝马卡龙	160
丹麦曲奇	178
罗蜜亚杏仁脆糖	182

酥皮饼干

蝴蝶酥	112
蓝莓风车派	152
杏仁酥条	168

模型饼干

玛德莲小熊爪	136
船形夏威夷果	154

其他饼干

米果圣诞树	50
果酱年轮饼	114

《本书使用方法》

章内的小单元：如欢乐的节日庆祝中有情人节、万圣节、圣诞节等，梦幻的童话故事中有《白雪公主》《三只小猪》等，利用相关元素来延伸饼干造型。

此款造型饼干的名称

分量：依照配方的材料所做出的数量或大小。

容积换算：

1杯=240mL=16大匙（汤匙）；1大匙=15mL；1小匙（茶匙）=5mL

压模+糖霜
180℃
★★★★★
25min

Ingredients
材料
无盐奶油————85g
糖粉————70g
全蛋液————30g
低筋面粉————150g
泡打粉————1g
白芝麻粉————30g
高筋面粉————少许

Decorate
装饰糖霜
白色糖霜————少许
红色糖霜————少许
蓝色糖霜————少许
绿色糖霜————少许

Steps
做法

1
将无盐奶油及糖粉放入钢盆中，用电动打蛋器打成乳霜状。

2
再加入全蛋液拌打均匀。

3
陆续加入过筛的低筋面粉、泡打粉及白芝麻粉，用橡皮刮刀拌匀成团。

4
桌面上撒高筋面粉，将面团放置在桌面上用手拍平，用擀面棍擀成厚度约0.3cm的饼皮。

5
将饼皮切割成15cm×10cm的长方形块。

6
用字母压模在饼皮上压出"Happy Birthday"字样，排在放有防粘布的烤盘上。

7
将饼皮放进已预热至180℃的烤箱中，烘烤15min，至表面呈现金黄色后，取出放凉。

8
将糖霜装入三明治袋，前端剪一个小洞，即可在饼干上利用不同色彩涂鸦。

提示
♥ 基本糖霜制作参见p.21。
♥ 烤箱须提前预热。
♥ 无盐奶油须事先室温软化。
♥ 软化奶油是指放置在室温中回温，手指可以轻易按压下去；液化奶油是指奶油加热成液态。

27

材料：制作此款造型饼干必须准备的基本材料。

装饰糖霜：可以参考p.21基本糖霜，预先制作；再参考p.6目录Ⅱ的糖霜饼干，就可以好好利用，不浪费。

做法：用简单的方式、详细的分解步骤，让您轻松制作手工饼干。

提示：此款造型饼干的补充说明与贴心叮咛。

饼干类型：依塑形、冷冻、压模、挤花、糖霜、酥皮等为饼干分类。

难易度：用★表示，1颗★到5颗★不等，★越多表示越容易。

烤箱温度：此款饼干需预热的烤箱温度及烘烤温度。

花费时间：制作此款造型饼干所花费的时间（包含饼干放进冰箱冷冻的时间）。

(工具)

钢盆： 搅拌用的工作盆，材质选用不锈钢的比较好，耐用又好清洗，圆弧造型也方便搅拌材料，并且没有死角，避免食材浪费。（图❶）

打蛋器： 铁丝具有弹性，容易将材料搅拌起泡或是混合均匀。（图❷）

一般磅秤与电子秤： 磅秤用来测量材料的重量，一般磅秤最小可称量到10g，在称量时，要记得扣除容器的重量。电子秤最小可以称量到1g。将材料精准地测量出重量，是非常重要的工作之一，同时可降低成品失败率。（图❸）

计时器： 可测量经过的时间、剩余的时间，在烘烤过程中扮演提醒的小帮手。如果设定时间提醒，就可让成品免于烤焦。（图❹）

手提式电动打蛋器： 较打蛋器更简单、快速，可以轻松搅拌材料，节省时间，是制作点心的好帮手。可用于蛋白打发、全蛋打发与糖油面粉拌匀等。（图❺）

量匙： 可用来测量粉类及液体的多少，一般分为1大匙（15mL）、1小匙（5mL）、1/2小匙（2.5mL）、1/4小匙（1.25mL）四种规格，方便使用在不同量需求时。（图❻）

量杯： 用来测量液体材料的体积，使用量杯必须以眼睛平行看刻度才准确。（图❼）

微波炉用器皿： 用于称量材料、放置配料等。它可以在高温下使用，方便微波炉加热使用。（图❶）

汤匙： 用于搅拌，有利于物质混合均匀，可刮起材料。（图❷）

橡皮刮刀： 用于混合材料并将容器内的材料刮取干净。最好选择软硬适中的材质。（图❸）

刮板： 可以切取面团或刮取粘在工作台上的材料。（图❹）

筛网： 将材料经过筛网去除结块，常用于过筛粉类，这样搅拌的时候才会均匀，增加成品细度。（图❺）

剪刀： 用于剪各种装饰材料或饼干的修形。（图❻）

夹子： 利用材料装饰时，可用夹子夹取放置在饼干上，避免破坏原样，使成品更加美观。（图❼）

毛刷及硅胶刷： 软毛刷较均匀；硅胶材质不易掉毛，好清洁，常用于涂抹饼干表面，刷蛋液。（图❽、图❾）

擀面棍： 可以将面团擀成适合的厚薄及大小，本书的压模饼干都需要用擀面棍先擀平面团，方能做下一个动作。（图❿）

木匙： 木匙在长时间熬煮材料时使用，不易导热，可避免烫伤。（图⓫）

烤箱：选用有上下火独立温度的烤箱比较好，因为可以调整烘烤时间、火候及上下火的温度等。烘烤饼干前，最好先将烤箱预热，可以避免烤箱因为温度偏低或不平均而造成成品失败。

饼干压模：压模的种类繁多，将面团压成适合厚度的面皮后，再利用压模压出饼干的外形，可以压出各式各样相同大小的造型。压模大多是金属制饼干压模，在这里您可挑选自己喜欢的使用，亦可使用两个饼干压模做出拼贴来完成特有的饼干造型，如使用爱心压模及圆形压模做出小洋装饼干。

隔热手套：从烤箱中拿取刚烤好的成品或高温物品时使用，因烤箱温度过高，所以必须使用隔热手套辅助，以防止烫伤。（图❶）

三明治袋：塑料材质，使用方便。本书使用的糖霜或熔化巧克力都是装入三明治袋，建议初学者先从三明治袋开始练习。（图❷）

裱花袋及各式裱花嘴：裱花嘴可套入裱花袋中使用，裱花袋里可装填面糊或装饰鲜奶油。裱花嘴有圆形、星形，可以挤出大小一致的样式并提高成品精致度。如使用罗蜜亚裱花嘴制作罗蜜亚杏仁脆糖。（图❸、图❹）

字母压模：在面团切割好后，压印想要的文字或符号，再放进烤箱烘烤，增强视觉效果。（图❺）

烤模：烤模种类繁多，可以与饼干一起放进烤箱烘烤，烤出各式各样相同大小的造型。可挑选自己喜欢的使用，如玛德莲烤模用于制作玛德莲小熊爪。（图❻）

防粘布：常铺于烤盘上，耐高温，防水防油，并可防止成品底部与烤盘黏结，清洗后可重复使用。（图❼）

〔 材料 〕

面粉类

高筋面粉： 蛋白质含量高，平均在11.5%~14%，麸质较多、筋性亦强，需要经过长时间的搓揉才会出筋，适合用来做嚼劲较强的面包。高筋面粉可以防止黏结。（图❶）

中筋面粉： 蛋白质含量平均在11%左右，短时间搓揉就会产生黏性，做出来的成品也比较膨松、绵软，很适合用来做包子、馒头等中式食品。（图❷）

低筋面粉： 蛋白质含量低，平均在7%~9%，麸质较少，因此筋性亦弱，常用于制作酥松的食品，如饼干、蛋糕等。如果在制作面包中添加少许，可以降低筋性，方便整形操作。（图❸）

松饼粉： 含有低筋面粉、泡打粉、香料等成分，制作简单，成品外皮香软，可依模型造型，为蛋糕、饼干等的方便预拌粉类材料。（图❹）

膨松剂

泡打粉： 泡打粉又称发粉，简称B.P.，是西点的膨松剂。溶于水中时，会释放出二氧化碳；经过加热后，会产生气体。添加至糕点、饼干中会使其变得膨松，进而改善口感，常用于蛋糕及饼干的制作。（图❺）

碳酸氢铵： 在小苏打出现之前，都是添加碳酸氢铵，它也是膨松剂的一种，俗称阿摩尼亚或臭粉。用于核桃酥。（图❻）

小苏打粉： 小苏打粉为膨松剂的一种，添加后会增加糕点的膨松度。但不宜加入过量，否则会破坏风味，导致碱味太重。（图❼）

糖类

蜂蜜： 添加在饼干中可增加风味。因为蜂蜜有各式各样的风味、颜色，所以在制作点心时，为避免影响成品本身的风味，不建议使用具有特殊成分和味道的蜂蜜。（图①）

小熊软糖： 可以买市售的软糖，将它切成小丁后，填入压了孔洞的饼干中，再加以烘焙，会产生特别的口感。可用于橘子片软糖饼干。（图②）

二砂糖： 二砂糖就是黄色金砂糖，含有少量矿物质，可以取代细砂糖使用，但成品颜色会较深。（图③）

红色水果硬糖： 可以买市售的水果硬糖，敲碎后使用。可用于樱桃硬糖饼干中。（图④）

纯糖粉： 由砂糖研磨成细小粉状，不含玉米淀粉，适合用来制作马卡龙。（图⑤）

糖粉： 由细砂糖研磨成细小粉状，是一般糖精细度的几倍或者十几倍，溶化性能更胜砂糖。（图⑥）

防潮糖粉： 用砂糖磨成细粉，添加少许淀粉（如玉米），抗潮性强，防止糖粒结块，颜色雪白，装饰在蛋糕或点心上。即使成品放入冰箱冷藏也不会溶化，多用于装饰成品。（图⑦）

细砂糖： 以蔗糖为主要成分的食用糖，砂糖颗粒过筛后的微粒糖就是细砂糖。颗粒细，较易溶解。它是用于烘焙食品的甜味料，除了使成品产生甜味外，亦可用来上色，让成品更美观，是做烘焙食品时不可欠缺的材料之一。（图⑧）

装饰糖花： 主要原料为糖粉与蛋白等，可以直接买市售的糖花，装饰在成品上。（图⑨）

银珠糖： 可以直接买市售的银珠糖，装饰在成品上。（图⑩）

巧克力及咖啡粉

草莓巧克力：由可可脂、砂糖、可可块、草莓颗粒、乳类等成分制作而成，添加在饼干上可以增加色泽及风味。可用于草莓巧克力棒。（图❶）

白巧克力：由可可脂、砂糖、乳类等成分制作而成，一般白巧克力是含可可脂最少的巧克力。（图❷）

牛奶巧克力：由可可脂、砂糖、可可块、乳类等成分制作而成，通常含有10%~14%的可可脂，因其兼有牛奶和巧克力的香味，所以较受大众欢迎。（图❸）

苦甜巧克力：苦甜巧克力加热不能超过50℃及加热过久，以免油脂分离，属于较浓厚的巧克力，视个人口味搭配使用。（图❹）

可可粉：可可豆经发酵、粗碎、去皮等程序后，粉碎后的粉末就是可可粉，制作巧克力饼干时需使用。（图❺）

咖啡粉：使用前，需先把咖啡粉溶解于热水或热牛奶中。二合一或三合一冲泡式咖啡粉，淡而无味，最好不要使用。（图❻）

耐烤巧克力豆：甜度较低，可耐高温烘烤，高温烘烤也不会熔化，常用在烘焙上。（图❼）

奶类及油脂

鲜奶：由乳汁经均质化和加热杀菌处理后而成的牛奶制品，营养价值高，可以调整面糊的软硬度。加在饼干、面团里，可取代水分，亦可提升成品价值，增加美味与口感。（图**1**）

奶粉：用奶牛的乳汁经过消毒、脱水、干燥等技术制成的粉末，适宜保存，添加在饼干产品中可增添乳香味。（图**2**）

植物油：含不饱和脂肪酸，从植物中萃取的脂肪与油类。依照提炼方式的不同，所产生的种类也有所不同。在制作饼干时避免使用香味较浓厚的花生油，它会影响饼干本身的风味。（图**3**）

奶油：从牛奶中提出的半固体物质。一般分为无盐奶油及有盐奶油，本书使用无盐奶油来增添产品风味。无盐奶油：在制作过程中没有加入盐的成分，烘焙时通常使用这种，可避免在调味时走味。有盐奶油：指一般的普通奶油，含有盐分，如果使用它，不仅容易阻碍甜味，也会破坏风味。（图**4**）

鲜奶油：鲜奶油分为动物性鲜奶油、植物性鲜奶油。动物性鲜奶油：由牛奶提炼出来，乳脂肪含量比较高，稳定性不如植物性鲜奶油高，而且打发后不像植物性鲜奶油那么硬，所以不建议当作装饰鲜奶油打发使用，本书在马卡龙内馅中使用。植物性鲜奶油：由棕榈油、玉米糖浆等成分制作而成；一般来说，植物性鲜奶油的优点是打发效果好，稳定性高，适合装饰用。（图**5**）

猪油：由猪肉提炼出来，可使产品产生酥松的效果，亦有特殊香气。猪油在低温下即会凝固成白色固体。可用于核桃酥。（图**6**）

坚果等

杏仁粉：杏仁干燥后，去皮做成粉，添加在烘焙产品中，有特殊香气，是制作马卡龙时不可或缺的材料之一。（图❶）

杏仁片：杏仁干燥后，去皮切片，拥有丰富口感，常用于饼干点心及表面装饰。（图❷）

杏仁粒：杏仁粒不致掩盖配方中整体的风味，肥厚酥脆的质地可增添产品的酥脆口感。（图❸）

杏仁条：杏仁粒去皮切成条状。使用前先烘烤，可增加饼干的口感。可用于玛德莲小熊爪。（图❹）

夏威夷豆：又名夏威夷火山豆，含有独特的香气，质地细致，清脆可口，常用在烘焙点心中。可用于船形夏威夷果。（图❺）

蔓越莓干：由成熟的蔓越莓果实干燥而成，有"北美红宝石"之称，酸甜不腻的口感很适合添加在点心中。（图❻）

米果：由精米、淀粉、小麦胚芽等成分制作而成，适合用来制作饼干产品。可用于米果圣诞树。（图❼）

白芝麻：成熟的芝麻种子，营养价值高。由于加工制作的不同，会产生品种不同的芝麻。经过烘烤后，会散发浓郁的芝麻香，用在饼干中可增加香气及口感。（图❽）

黑芝麻：黑芝麻的钙、铁含量远高于白芝麻，粗纤维含量也比白芝麻高，用在饼干中可增加香气及口感，亦可当作装饰材料。本书刺猬的眼睛就是点上黑芝麻装饰的。（图❾）

葡萄干：葡萄干的原料必须是成熟的果实，才能加工干燥制成。葡萄干含丰富的铁质，是常使用在烘焙点心中的食材之一。（图❿）

核桃：果实经加工干燥而成。营养价值甚高并具有特殊的风味，香气浓郁，适合用来制作饼干产品。（图⓫）

果酱及内馅

草莓果酱： 把成熟的草莓洗净，再加上砂糖熬煮而成，用在饼干上可增添草莓香气，也有美观装饰的效果。（图❶）

蓝莓果酱： 把成熟的蓝莓洗净，再加上砂糖熬煮而成，用在饼干上可增添蓝莓香气，亦可达到美化色泽的效果。（图❷）

玫瑰花酿： 把新鲜玫瑰花瓣洗净、干燥后，再加上砂糖熬煮而成，用在饼干面团中可带出玫瑰香气。可用于玫瑰花酿饼干。（图❸）

土凤梨馅： 把台湾纯正的土凤梨洗净后，加入砂糖熬制而成。可用作刺猬内馅。（图❹）

乌豆沙： 把豆类洗干净，磨成泥混合砂糖熬煮而成，当作馅料使用。通常红豆做成乌豆沙，绿豆做成白豆沙。（图❺）

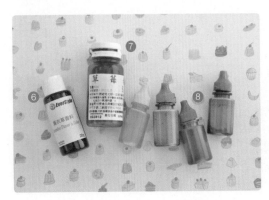

食用香料、色素

薰衣草香精： 由薰衣草花提炼出的香精，含有薰衣草香味，可当作靛色食用色素使用。（图❻）

草莓香精： 含有草莓果香味，添加在饼干面团中可做成草莓饼干，亦可当作粉红色食用色素使用。（图❼）

食用色素： 是食品添加剂的一种，常用于食物加工。使用色素的主要目的在于美化食品外观，以增进食欲。它是可食用的染料，本书使用了红色、黄色、蓝色、绿色食用色素添加至糖霜中，增添饼干风采。（图❽）

香料粉

竹炭粉：以成熟竹材为原料，采用特殊炭化技术、高温炭化或活化后精炼而成的竹炭，加以研磨后成粉，它已列为食品添加剂。亦可当作黑色食用色素使用。（图❶）

豆蔻粉：气味温和香甜，味道能维持很久，常常添加在饼干里，来提升饼干特殊的风味。可用于姜饼人饼干。（图❷）

南瓜粉：南瓜真空冷冻干燥后，用研磨机磨成粉。它含有丰富的糖类、蛋白质等，在烘焙产品中可当作食用色素使用。（图❸）

黄金乳酪粉：具有特有的香气，颜色较一般乳酪粉更深，亦可当作橘色食用色素使用。（图❹）

椰子粉：椰子果实经去壳、磨粉、干燥后制成，拥有特殊香气，添加在饼干中别有风味。（图❺）

花生粉：整粒的花生去壳，用食物调理机打成粉或用研磨机磨成粉。它最具原味而且没有添加任何的糖粉，也是烘焙最常用的食材之一。（图❻）

抹茶粉：用绿茶研磨而成的粉末，略带苦味，经特殊处理，可耐180℃以上的高温，具有特殊风味，常用于面包、饼干、蛋糕中。在烘焙产品中亦可当作食用色素使用。（图❼）

草莓粉：由草莓真空冷冻干燥、低温瞬间粉碎而成，拥有草莓的颜色和草莓风味，亦可当作粉红色食用色素使用。（图❽）

乳酪粉：粉质细滑容易溶解，淡雅乳香，可提升产品价值。放置在干燥处，避免受潮结粒及走味，开封后常温储存，风味仍佳，适用于各类点心。（图❾）

芋头粉：由芋头真空冷冻干燥、低温瞬间粉碎而成，拥有芋头的颜色和芋头风味，亦可当作紫色食用色素使用。（图❿）

肉桂粉：常用来作为烘焙香料添加在饼干里，可以借由它特殊的香味来增添风味。也常应用在中餐料理中，去除肉类的腥味，是食品的香料之一。（图⓫）

白芝麻粉：由成熟的芝麻种子干燥后研磨而成，添加在饼干中可增加香气与口感。（图⓬）

其他

朗姆酒：用蔗糖酿造的蒸馏酒，本身具有浓烈的芳香与甜味，经常添加在甜点中，用来增加香气。〔图❶〕

盐：除了做咸味饼干使用外，饼干中添加少许盐可降低甜腻感，也可增加面粉的弹性和黏性。〔图❷〕

吐司：主要由高筋面粉、盐、糖、蛋白、酵母粉制作而成。可用于果酱年轮饼。〔图❸〕

鸡蛋：是烘焙点心时非常重要的材料之一，可增加香气，让成品有滑顺感。蛋黄具有乳化作用，不论是全蛋还是蛋白都可以经由搅拌使得产品体积膨大。〔图❹〕

意大利面条：面粉中加入鸡蛋、油及盐制作而成，可把意大利面条煮软后，当作装饰材料使用。可用于章鱼饼干。〔图❺〕

橘子汁：将新鲜的橘子榨成汁。可用于奶油橘子杯。〔图❻〕

柠檬汁：柠檬果实为椭圆形，皮薄，果肉极酸，它含有丰富的维生素C。把新鲜的柠檬榨成汁即为柠檬汁，常在中、西式料理中调味用，也用于烘焙中。〔图❼〕

棉花糖：一种软性的糖果，是由水、转化糖浆加入太白粉、砂糖等制作而成，具有弹性，因与棉花质地相似而得名。将棉花糖剪成小丁后，可装饰在产品上。可用于啤酒杯饼干。〔图❽〕

酥皮：又叫千层松饼皮，用高筋面粉、奶油、糖、盐及水制作而成。酥皮制作繁复，亦可使用市售酥皮来制作。杏仁酥条、蝴蝶酥皆是用的市售酥皮。〔图❾〕

〔 基本饼干面团 〕

Ingredients
材料

无盐奶油	70g
糖粉	60g
全蛋液	25g
低筋面粉	150g
泡打粉	1g

♥饼干烤好可以保存在密封罐中两周，如果受潮，也可以再用烤箱回烤（已经上了糖霜的饼干不适用）。

Steps
做法

1
将无盐奶油、糖粉放入钢盆中，打成乳霜状。

♥没有电动打蛋器也可以直接用打蛋器拌匀。

2
加入全蛋液拌打均匀。

♥蛋液要拌均匀后再分次加入，否则容易油水分离。

3
陆续加入过筛的低筋面粉、泡打粉拌匀成团。

♥粉类一定要过筛，否则容易结块；不要过度搅拌，尽量用直切的方式翻动拌匀。

〔 基本糖霜 I 〕

Ingredients
材料

意大利蛋白糖霜	50g
水	60g
糖粉	300g
红色食用色素	1～2滴
蓝色食用色素	1～2滴
绿色食用色素	1～2滴

♥蛋白可取代配方中的意大利蛋白糖霜及水，例如：意大利蛋白糖霜50g+水60g=蛋白110g。

Steps
做法

1
将意大利蛋白糖霜及水放入搅拌盆中。

♥意大利蛋白糖霜可用等量的蛋白取代，但不宜久放。

2
将粉粒用按压方式拌均匀。

♥制作糖霜时，不要快速搅拌它，用切拌方式避免空气过多。

3
再加入过筛的糖粉，用切拌方式拌均匀。

♥糖霜太硬时亦可滴入开水调整软硬度。

4

调出基本糖霜，可以画较大面积。

♥装饰糖霜中的糖粉，可增减来调整糖霜软硬度。画较大面积时，装饰糖霜中的糖粉可减少，调为较稀的糖霜。

5

再加糖粉，调整为所需浓稠度，可以画线条。

♥画线条时，可增加糖粉的用量来增大浓稠度，使饼干更有立体感且更好看。

6

调整好所需的浓稠度后再加入食用色素，调出所要的糖霜颜色：红色、绿色、蓝色。

♥要先调整好所需要的浓稠度，再加食用色素。

7

拌匀食用色素。

♥亦可添加干燥香料粉，来变化出不同的颜色。

♥意大利蛋白糖霜拌匀后需封口，避免接触空气，可保存3天。洞口接触空气会变干硬，可更换三明治袋继续使用。

8

再将已经拌匀的糖霜装入三明治袋中绑紧，需要装饰时，在前端剪出适当的大小，即可在放凉的饼干上画装饰；画糖霜时，先描出边框，再将里面填满较好操作。

♥比起裱花袋，三明治袋更适合新手尝试。

♥一开始剪大小时，可以先剪小一点，在白纸上试画，洞口若太小再慢慢剪一点，比较好掌握。

〔 基本糖霜 II 〕

Ingredients
材料

蛋白············50g
柠檬汁···········2g
糖粉············150g
红色食用
色素········1~2滴
绿色食用
色素········1~2滴

Steps
做法

1

将蛋白、柠檬汁放入钢盆中，用打蛋器搅打均匀。

2

加入过筛的糖粉拌匀。

3

调出基本糖霜，较稀可以画较大面积。

4

调整所需浓稠度，较浓可以画线条。

5

调整好所需的浓稠度后，再加入红色、绿色食用色素，调出所要的颜色。

6

拌匀红色及绿色食用色素。

♥食用色素也可以用2g草莓粉及2g抹茶粉取代。

♥利用蛋白制成的糖霜，请尽快使用完毕。

7

再将已经拌匀的糖霜装入三明治袋中绑紧。使用时，在前端剪出适当的大小，即可在放凉的饼干上画装饰；画糖霜时，先描出外框，再将里面填满较好操作。

♥画好的糖霜饼干，等糖霜干了之后，再描上边框线条，会显得更有立体感。

Chapter 1

欢乐的节日庆祝

节庆中，最让人开心的就是欢乐的气氛与充满意义的纪念。

通过亲手的制作，打造出独一无二、专属彼此的手作幸福时光！

生日
卡片

分量
4片

🍰 压模+糖霜
🔪 180℃
✖ ★★★★★
⏱ 25min

Ingredients
材料

无盐奶油	85g
糖粉	70g
全蛋液	30g
低筋面粉	150g
泡打粉	1g
白芝麻粉	30g
高筋面粉	少许

Decorate
装饰糖霜

白色糖霜	少许
红色糖霜	少许
蓝色糖霜	少许
绿色糖霜	少许

Steps
做法

1

将无盐奶油及糖粉放入钢盆中，用电动打蛋器打成乳霜状。

2

再加入全蛋液拌打均匀。

3

陆续加入过筛的低筋面粉、泡打粉及白芝麻粉，用橡皮刮刀拌匀成团。

4

桌面上撒高筋面粉，将面团放置在桌面上用手拍平，用擀面棍擀成厚度约0.3cm的饼皮。

5

将饼皮切割成15cm×10cm的长方形块。

6

用字母压模在饼皮上压出"Happy Birthday"字样，排在放有防粘布的烤盘上。

7

将饼皮放进已预热至180℃的烤箱中，烘烤15min，至表面呈现金黄色后，取出放凉。

8

将糖霜装入三明治袋，前端剪一个小洞，即可在饼干上利用不同色彩涂鸦。

提示

♥ 基本糖霜制作参见p.21。
♥ 烤箱须提前预热。
♥ 无盐奶油须事先室温软化。
♥ 软化奶油是指放置在室温中回温，手指可以轻易按压下去；液化奶油是指奶油加热成液态。

生日

牛粒
（小西饼）

分量

100个

⊞ 挤花饼干
🌡 180℃
✖ ★★★★
⏰ 35min

Ingredients
材料

全蛋液 ·········· 150g
蛋黄 ············· 100g
细砂糖 ·········· 200g
低筋面粉 ········ 185g
草莓粉 ············ 5g
糖粉 ············· 适量

Steps
做法

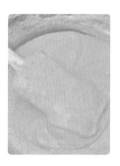

1
将全蛋液、蛋黄及细砂糖放入钢盆中，用电动打蛋器打发至画线有纹路、可以用面糊画"8"。

2
加入过筛的低筋面粉与草莓粉，稍拌匀为草莓面糊。

3
将草莓面糊装入圆孔裱花嘴的裱花袋中，挤出直径约2.6cm的圆形，挤完后尽快撒上糖粉。

4
放进已预热至180℃的烤箱中，烘烤15min。

5
至饼干底部轻推可移动即烘烤完成。

提示

♥ 步骤1"画'8'"就是面糊可以画线，画完后短暂可以看见画过的痕迹，表示面糊刚刚好。

♥ 步骤2不用拌太久，即使还有些许粉粒也没关系，拌太久会使面糊太稀、无法定型，稍拌匀即可。

♥ 步骤3用筛网将糖粉快速而平均地撒上，别忽略此动作。

♥ 撒上糖粉可使成品表面产生薄脆的外皮，即使糖粉很快被面粉吸收也不用再撒。

情人节

心形
蛋白饼

分量
18个

⊙ 挤花饼干

🌡 100℃

✕ ★★★★★

⏰ 70min

Ingredients
材料

蛋白 ·············· 80g

细砂糖 ·············· 80g

草莓香精 ········ 少许

Steps
做法

1

将蛋白用电动打蛋器打至呈粗泡沫状后，分两三次加入细砂糖打发，至蛋白勾起时坚挺。

2

再加入几滴草莓香精，稍微拌匀。

3

将锯齿状裱花嘴装入裱花袋中，装入打发的蛋白。

4

烤盘上垫防粘布，裱花嘴向左画弧度，再向右画弧度，形成心形。

5

放进已预热至100℃的烤箱中，烘烤60min，至轻推可移动即可。

提示

♥草莓香精为调色用的，亦可使用草莓粉；如添加液体类香精，请少量少量地增加，以免蛋白太湿摊成一片而无法成形。

31

☐ 压模饼干

🔪 180℃

✗ ★★

🕐 30min

Ingredients
材料

无盐奶油⋯⋯⋯⋯30g
细砂糖⋯⋯⋯⋯⋯25g
鲜奶⋯⋯⋯⋯⋯⋯10g
低筋面粉⋯⋯⋯⋯60g
奶粉⋯⋯⋯⋯⋯⋯10g
草莓巧克力（含
果粒）⋯⋯⋯⋯⋯250g
高筋面粉⋯⋯⋯少许

Steps
做法

1

将无盐奶油及细砂糖放入钢盆中，拌匀成乳霜状，加入鲜奶拌打均匀。

2

加入过筛的低筋面粉、奶粉拌匀成团。

3

桌面上撒高筋面粉，将面团放置在桌面上用手拍平，用擀面棍擀成厚度约0.3cm的面皮。

4

用压模压出心形。

5

取一片心形面皮，在中间上端切割4cm×0.5cm的长方形，不切断。

6

另一片心形面皮，在下端尖角处切割4cm×0.6cm的长方形，不切断。

7

将面皮全部排在放有防粘布的烤盘上。

8

放进已预热至180℃的烤箱中，烘烤15min，至表面呈现金黄色即可。

9

将两片心形饼干交叠，即可成为立体爱心。

10

草莓巧克力隔水加热熔化，将立体爱心均匀黏附熔化的草莓巧克力即完成。

提示

♥心形的切割处不可太窄，烘烤时面皮会膨胀，太窄饼干无法交叠成立体爱心。
♥市售草莓巧克力有一般的及含果粒的，皆可选用。
♥熔化草莓巧克力时，应避免水进入巧克力锅，温度亦不可以太高，否则会影响巧克力的品质。

		Ingredients 材料		Decorate 装饰糖霜	
⊞	压模+糖霜	无盐奶油	120g	蓝色糖霜	少许
🌡	180℃	糖粉	45g	红色糖霜	少许
✗	★★★★★	全蛋液	45g	白色糖霜	少许
		朗姆酒	5g	装饰糖花	适量
⏰	30min	低筋面粉	165g		
		泡打粉	2g		
		高筋面粉	少许		

Steps
做法

1 将无盐奶油及糖粉放入钢盆中，拌匀成乳霜状。

2 加入全蛋液、朗姆酒拌打均匀，再加入过筛的低筋面粉与泡打粉拌匀成团。

3 桌面上撒高筋面粉，将面团放置在桌面上用手拍平，用擀面棍擀成厚度约0.3cm的饼皮。

4 用椭圆形压模压出鸡蛋形，排在放有防粘布的烤盘上。

 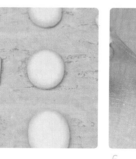 

5 放进已预热至180℃的烤箱中，烘烤20min，至表面呈现金黄色后，取出放凉。

6 将糖霜装入三明治袋中，前端剪一个小洞，即可在饼干上利用不同色彩涂鸦。

提示

♥复活节彩蛋在传统上是经过染色的蛋，是象征复活节的物品，也是表达友谊、关爱和祝福的方式。

♥添加朗姆酒可增添香气，如果没有亦可不加。

毕业

纽扣

分量
约100个

⊞ 压模饼干
🌡 180℃
✗ ★★★★★
🕐 25min

Ingredients
材料

无盐奶油 ·············· 85g
糖粉 ·············· 70g
全蛋液 ·············· 30g
低筋面粉 ·············· 150g
泡打粉 ·············· 1g
白芝麻粉 ·············· 30g
高筋面粉 ·············· 少许
蛋白 ·············· 适量

Steps
做法

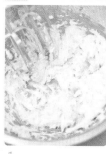
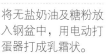

1
将无盐奶油及糖粉放入钢盆中，用电动打蛋器打成乳霜状。

2
再加入全蛋液拌打均匀。

3
陆续加入过筛的低筋面粉、泡打粉及白芝麻粉拌匀成团。

4
桌面上撒高筋面粉，将面团放置在桌面上用手拍平，用擀面棍擀成厚度约0.3cm的饼皮。

5
用圆形压模压出圆形。

6
内圆用较小的圆形压模压出凹痕。

7
再用更小的圆形裱花嘴戳四个洞，做成纽扣造型。

8
全部排在放有防粘布的烤盘上，刷上蛋白。

9
放进已预热至180℃的烤箱中，烘烤15min，至表面呈现金黄色即可。

提示

♥刷上蛋白可增加饼干色泽，但涂抹时小心别将纽扣的四个洞封住。
♥在有些地方毕业季女生流行向男生要扣子，有一说是因为第二颗扣子比较接近心脏，也比较常触摸到，得到它也就好像得到对方的心了；而其他位置的纽扣也分别有不同的含义：第一颗是给死党的，第二颗是给情人的，第三、四颗则是给朋友们的。

收涎

婴儿车

分量
20~22个

压模+糖霜
180℃
★★★★★
25min

Ingredients
材料

无盐奶油	30g
细砂糖	15g
二砂糖	10g
全蛋液	10g
低筋面粉	55g
泡打粉	少许
奶粉	15g
高筋面粉	少许

Decorate
装饰糖霜

意大利蛋白糖霜	15g
水	20g
糖粉	100g
蓝色食用色素	少许
薰衣草香精	1滴

Steps
做法

1
将无盐奶油、细砂糖及二砂糖放入钢盆中，用橡皮刮刀拌打成乳霜状。

2
再加入全蛋液拌打均匀。

3
陆续加入过筛的低筋面粉、泡打粉及奶粉拌匀成团。

4
桌面上撒高筋面粉，将面团放置在桌面上用手拍平，用擀面棍擀成厚度约0.3cm的饼皮。

5
压模先沾粉，压出婴儿车的形状，排在放有防粘布的烤盘上。

6
放进已预热至180℃的烤箱中，烘烤15min，至表面呈现金黄色后，取出放凉。

7
将意大利蛋白糖霜、水放入钢盆中拌匀，加入糖粉拌匀成糖霜。将糖霜分别装入小碗中，滴入蓝色食用色素与薰衣草香精拌匀，装入三明治袋中，前端剪一个小洞，即可在饼干上利用不同色彩涂鸦。

提示

♥ 压模先沾粉，面团较不易黏结。

♥ 装饰糖霜中的糖粉可增减来调整糖霜软硬度，画较大面积时装饰糖霜中的糖粉可减少，调为较稀的糖霜，画线条时可用较浓稠的糖霜。

♥ 装饰糖霜配方中，意大利蛋白糖霜及水可用等量的蛋白取代，但不宜久放。

Ingredients 材料		Decorate 装饰糖霜	
无盐奶油	50g	白色糖霜	少许
细砂糖	40g	红色糖霜	少许
鲜奶	15g	蓝色糖霜	少许
低筋面粉	90g	黑色糖霜	少许
泡打粉	1g		
花生粉	10g		
高筋面粉	少许		

压模+糖霜

180℃

★★★★★

25min

Steps 做法

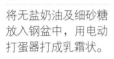

1

将无盐奶油及细砂糖放入钢盆中，用电动打蛋器打成乳霜状。

2

加入鲜奶拌打均匀。

3

陆续加入过筛的低筋面粉、泡打粉及花生粉拌匀成团。

4

桌面上撒高筋面粉，将面团放置在桌面上用手拍平，用擀面棍擀成厚度约0.3cm的饼皮。

5

压模先沾粉，压出婴儿衣的形状，排在放有防粘布的烤盘上。

6

放进已预热至180℃的烤箱中，烘烤15min，至表面呈现金黄色，从烤箱中取出，放凉。

7

将糖霜装入三明治袋中，前端剪一个小洞，即可在饼干上利用不同色彩涂鸦。

提示　　♥糖霜先画较大面积，待冷却后，再继续在衣服上写字或画点点装饰。如大面积未干即上第二层，会使字体晕开，影响美观。

41

42

<table>
<tr><td rowspan="5">

⊙ 压模+糖霜
🔥 180℃
✕ ★★★★★
⏰ 25min

</td></tr>
</table>

Ingredients 材料		Decorate 装饰糖霜	
无盐奶油	50g	白色糖霜	少许
二砂糖	40g	红色糖霜	少许
全蛋液	15g	蓝色糖霜	少许
低筋面粉	80g	黑色糖霜	少许
泡打粉	1g	绿色糖霜	少许
奶粉	20g		
高筋面粉	少许		

Steps
做法

1
将无盐奶油及二砂糖放入钢盆中拌匀成乳霜状，加入全蛋液拌打均匀。

2
陆续加入过筛的低筋面粉、泡打粉、奶粉拌匀成团。

3
桌面上撒高筋面粉，将面团放置在桌面上用手拍平，用擀面棍擀成厚度约0.3cm的饼皮。

4
压模先沾粉，压出摇摇马的形状，排在放有防粘布的烤盘上。

5
放进已预热至180℃的烤箱中，烘烤15min，至表面呈金黄色后，取出放凉。

6
将糖霜装入三明治袋中，前端剪一个小洞，即可在饼干上利用不同色彩涂鸦。

提示

♥ 装饰糖霜配方中，意大利蛋白糖霜及水可用等量的蛋白取代，但不宜久放。

♥ "收涎"在宝宝满四个月的那一天做，意思为收起宝宝的口水，为宝宝解决流口水的毛病和希望宝宝不断地成长。其最主要的意义就是希望已经四个月大的孩子能成长迅速，永无迟延。

收涎
奶瓶

分量
约**40**个

⊙ 压模+糖霜	
⫰ 180℃	
✗ ★★★★★	
⏰ 25min	

Ingredients
材料

无盐奶油	105g
糖粉	90g
全蛋液	35g
低筋面粉	175g
泡打粉	1g
奶粉	50g
高筋面粉	少许

Decorate
装饰糖霜

红色糖霜	少许
蓝色糖霜	少许
绿色糖霜	少许
黄色糖霜	少许
白色糖霜	少许
银珠糖	适量
装饰糖花	适量

Steps
做法

1

将无盐奶油及糖粉放入钢盆中，用电动打蛋器打成乳霜状。

2

再分次加入全蛋液拌打均匀。

3

陆续加入过筛的低筋面粉、泡打粉、奶粉拌匀成团。

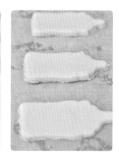

4

桌面上撒高筋面粉，将面团放置在桌面上用手拍平，用擀面棍擀成厚度约0.3cm的饼皮。用压模压出奶瓶的形状，排在放有防粘布的烤盘上。

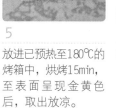

5

放进已预热至180℃的烤箱中，烘烤15min，至表面呈现金黄色后，取出放凉。

6

将糖霜装入三明治袋，前端剪一个小洞，即可在饼干上利用不同色彩涂鸦。

提示

♥装饰糖霜中的糖粉，可增减以调整糖霜软硬度。画较大面积时，装饰糖霜中的糖粉可减少，调为较稀的糖霜；画线条时糖粉可加多一些，调为较浓稠的糖霜。

♥装饰糖霜配方中，意大利蛋白糖霜及水可用等量的蛋白取代，但不宜久放。

压模+糖霜
180℃
★★★★★
20min

Ingredients
材料

无盐奶油	40g
细砂糖	40g
全蛋液	20g
低筋面粉	95g
泡打粉	1g
南瓜粉	5g
黄金乳酪粉	5g
苦甜巧克力	适量
高筋面粉	少许

Steps
做法

1

将无盐奶油、细砂糖放入钢盆中，拌匀成乳霜状，加入全蛋液拌打均匀。再加入过筛的低筋面粉、泡打粉、南瓜粉、黄金乳酪粉拌匀成团。

2

桌面上撒高筋面粉，将面团放置在桌面上用手拍平，用擀面棍擀成厚度约0.3cm的饼皮。

3

用苹果压模压出南瓜形状，再用压模边压出压痕，但不压断，压出南瓜条纹。

4

将南瓜排在放有防粘布的烤盘上，放进已预热至180℃的烤箱中。

5

烘烤15min，至表面呈现金黄色后，取出放凉。

6

苦甜巧克力隔水熔化，装入三明治袋中，前端剪一个小洞，在饼干上画出诡谲的表情。

提示

♥黄金乳酪粉是面团颜色的主要来源，富含乳酪风味。
♥粉类材料需过筛，避免结块。

47

万圣节

断指

分量

约16个

○ 塑形饼干
🥄 180℃
✗ ★★★
⏰ 40min

Ingredients
材料

无盐奶油 ············ 50g
糖粉 ··············· 40g
全蛋液 ············· 20g
低筋面粉 ·········· 105g
泡打粉 ··············· 1g
杏仁粉 ·············· 30g
苦甜巧克力 ········· 适量
杏仁粒 ············· 16粒

Prepare
预备动作

杏仁粒用10℃的烤温，预烤15min备用。

Steps
做法

1

将无盐奶油及糖粉放入钢盆中，拌匀成乳霜状，加入全蛋液拌打均匀。

2

加入过筛的低筋面粉、泡打粉、杏仁粉拌匀成团。

3

将面团分割成每个约15g的小面团，再搓成长约7cm的条状。

4

中间整形成手指关节状，再用杏仁粒在其中一端压出凹痕当作指甲。

5

用刀背在手指关节处划上两三条纹路后，刷上全蛋液（分量外）。

6

放进已预热至180℃的烤箱中，烘烤15~20min，至表面呈现金黄色，从烤箱中取出，放凉。

7

苦甜巧克力隔水熔化，装入三明治袋中，剪一个小洞，在饼干凹痕处挤上巧克力，将烘烤好的杏仁粒粘上做成指甲。

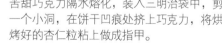

提示

♥ 全蛋液：就是将全蛋打散后的液体，用毛刷刷在饼干表面，可增添色泽，使表面颜色更加美观。

	Ingredients 材料		Decorate 装饰	
⊚ 其他	苦甜巧克力	100g	装饰糖花	适量
✎ 无	米果	100g	银珠糖	适量
✗ ★★★★★				
⏰ 15min				

Steps
做法

1

将苦甜巧克力隔水熔化。

2

将苦甜巧克力熔化后，拌入米果，使其均匀地裹上巧克力，即为米果巧克力。

3

将米果巧克力放在白纸上，用两支冰棒棍塑形成三角形，底部插入一支冰棒棍。

4

未干前表面用装饰糖花、银珠糖装饰，定型后即可拿起。

提示

♥ 熔化巧克力时，巧克力锅切勿有水分或直火熔化巧克力，以免破坏巧克力品质。

♥ 熔化的巧克力中，亦可加入玉米脆片来增加口味变化。

♥ 隔水熔化巧克力时，下锅尽量选用比上锅小的锅子，可避免水分喷溅。

♥ 水分喷溅到巧克力锅里会使巧克力油水分离，影响品质。

♥ 市售巧克力的口味繁多，亦可选用牛奶巧克力或草莓巧克力来改变颜色及风味。

♥ 塑形动作必须在米果巧克力未干之前完成，否则无法定型。

圣诞节

雪花片

分量
约15个

◎ 压模+糖霜		
📏 180℃		
✕ ★★★★★		
🕐 25min		

Ingredients
材料

无盐奶油	75g
糖粉	40g
低筋面粉	75g
可可粉	25g
高筋面粉	少许

Decorate
装饰糖霜

白色糖霜	少许

Steps
做法

1

将无盐奶油及糖粉放入钢盆中，用电动打蛋器打成乳霜状。

2

加入过筛的低筋面粉与可可粉，用刮刀拌匀成团。

3

桌面上撒高筋面粉，将面团放置在桌面上用手拍平，用擀面棍擀成厚度约0.3cm的饼皮。

4

压模先沾粉，压出雪花的形状，排在放有防粘布的烤盘上。

5

放进已预热至180℃的烤箱中，烘烤15min至轻推可移动，从烤箱中取出，放凉。

6

将糖霜用三明治袋装入，前端剪一个小洞，在饼干上画雪花冰晶，放凉即可。

提示

♥ 画线条的糖霜，配方中糖粉可增加，使线条更有立体感且更好看。

♥ 冰晶只要画对称就可以让简单的饼干价值提升，这是很适合圣诞节制作的装饰饼干。

圣诞节
拐杖饼干

分量
20支

Ingredients
材料

无盐奶油	40g
细砂糖	40g
全蛋液	20g
低筋面粉	100g
草莓粉	5g

塑形饼干
170℃
★★★★
20min

Steps
做法

1

将无盐奶油及细砂糖放入钢盆中，拌匀成乳霜状，再加入全蛋液拌打均匀。

2

将步骤1的材料取一半放入钢盆中，加入50g过筛的低筋面粉与草莓粉拌匀，成为粉红面团。

3

另一半材料加入50g过筛的低筋面粉，拌匀成白面团。

4

将白面团与粉红面团各分割成20个，每个约5g的小面团，再搓成长条状。

5

将两色面团反方向扭转成红白相间的面团。

6

排放在放有防粘布的烤盘上，在1/3处弯成拐杖形。

7

放进已预热至170℃的烤箱中，烘烤15min，至轻推可移动即可。

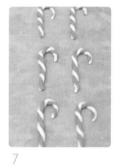

提示

♥ 草莓粉换成抹茶粉，就可以做成白绿相间的拐杖饼干。
♥ 草莓粉换成芋头粉，就可以做成白紫相间的拐杖饼干。

55

圣诞花环

Ingredients 材料		Decorate 装饰糖霜	
无盐奶油	30g	意大利蛋白糖霜	25g
细砂糖	25g	水	30g
全蛋液	10g	糖粉	150g
低筋面粉	70g	抹茶粉	3g
奶粉	10g	草莓粉	3g
高筋面粉	少许		

Steps
做法

1
将无盐奶油及细砂糖放入钢盆中，用电动打蛋器打成乳霜状，加入全蛋液拌打均匀。

2
加入过筛的低筋面粉、奶粉拌匀成团。

3
桌面上撒高筋面粉，将面团放置在桌面上用手拍平，用擀面棍擀成厚度约0.3cm的饼皮，用大、小圆形压模压出甜甜圈状。

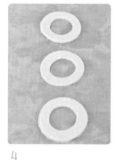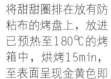  

4
将甜甜圈排在放有防粘布的烤盘上，放进已预热至180℃的烤箱中，烘烤15min，至表面呈现金黄色即可。

5
将意大利蛋白糖霜、水放入钢盆中搅打，加入糖粉拌匀成糖霜。将糖霜装入两个小碗中，分别放入抹茶粉、草莓粉拌匀。

6
三明治袋前端剪一个小洞，放入叶片裱花嘴，将抹茶糖霜装入，即可在饼干上挤出叶片形状。待干后，在间隔处挤上草莓糖霜。

提示

♥ 糖霜中的糖粉，因为要装入三明治袋用裱花嘴挤出，所以要多一些，增加浓稠度，否则由裱花嘴挤出会摊成一片，无法立体成形。
♥ 这个创意来自圣诞节可常看到挂在门口的花环，我们何不制成饼干，美观大方又可爱。

圣诞节

姜饼人

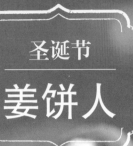

分量

约38个

	压模+糖霜
🌡	180℃
✕	★★★★★
⏰	25min

Ingredients
材料

无盐奶油	35g
细砂糖	30g
蜂蜜	80g
全蛋液	30g
低筋面粉	200g
可可粉	10g
小苏打粉	2g
肉桂粉	1g
豆蔻粉	1g
高筋面粉	少许

Decorate
装饰糖霜

白色糖霜	少许
红色糖霜	少许

Steps
做法

1

将无盐奶油、细砂糖、蜂蜜及全蛋液拌匀，放入钢盆中，拌匀成乳霜状。

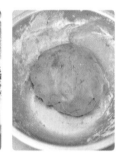

2

陆续加入过筛的低筋面粉、可可粉、小苏打粉、肉桂粉、豆蔻粉拌匀成团。

3

桌面上撒高筋面粉，将面团放置在桌面上用手拍平，用擀面棍擀成厚度约0.3cm的饼皮。

4

压模先沾粉，压出姜饼人的形状，排在放有防粘布的烤盘上。

5

放进已预热至180℃的烤箱中，烘烤12min，至轻推可移动的状态即可。

6

将糖霜装入三明治袋中，前端剪一个小洞，即可在饼干上利用不同色彩涂鸦。

提示
♥利用糖霜在脸部画上不同表情，可使姜饼人增添喜悦感。
♥肉桂粉、豆蔻粉具有特殊香气，如果没有也可不加，单纯做巧克力味效果一样好。

圣诞节

古典
巧克力
雪球

分量
32个

Ingredients
材料

无盐奶油	150g
糖粉	75g
低筋面粉	150g
可可粉	50g
碎杏仁粒	50g
防潮糖粉	适量

⊞ 塑形饼干
🖊 180℃
✗ ★★★★★
⏰ 40min

Steps
做法

1
将无盐奶油及糖粉放入钢盆中，拌匀成乳霜状。

2
加入过筛好的低筋面粉及可可粉。

3
用刮刀或手拌和。

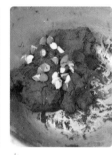

4
再加入碎杏仁粒拌匀成团。

5
将其搓成长条状。

6
再分割成小面团，每个15g，共32个。

7
将小面团用手搓圆，排在放有防粘布的烤盘上。

8
放进已预热至180℃的烤箱中，烘烤25min，至轻推可移动即可。

9
从烤箱中取出，冷却后，在饼干表面撒上防潮糖粉装饰。

提示

♥杏仁粒可用烤温150℃预先烘烤10min，让杏仁粒变香，切碎后再拌入面团中。

♥这款甜点巧克力味浓厚，搭配坚果的香让人很难抗拒。

♥撒糖粉时，必须是撒防潮糖粉，否则一般糖粉很快吸附空气中的水汽，就看不到仿佛下雪般的雪球了。

过年

麻将

分量
12个

压模+糖霜

180℃

★★★

35min

Ingredients
材料

无盐奶油·········100g
细砂糖···········40g
盐·············少许
全蛋液···········30g
朗姆酒···········5g
低筋面粉··········140g
泡打粉···········1g
杏仁粉···········20g
高筋面粉·········少许

Decorate
装饰糖霜

白色糖霜·········少许
红色糖霜·········少许
绿色糖霜·········少许
黑色糖霜·········少许

1 将无盐奶油、细砂糖及盐放入钢盆中，拌匀成乳霜状。

2 加入全蛋液拌打均匀后，再加入朗姆酒。

3 陆续加入过筛的低筋面粉、泡打粉及杏仁粉拌匀成团。

4 桌面上撒高筋面粉，将面团放置在桌面上用手拍平，用擀面棍擀成厚度约0.3cm的饼皮。

5 压模先沾粉，压出麻将的形状。

6 用毛刷在两片饼皮中间刷点水，然后叠放在一起，放在烤盘上。

7 放进已预热至180℃的烤箱中，烘烤25min，至表面呈现金黄色、轻推可移动即可出炉放凉。

8 将糖霜装入三明治袋中，前端剪一个小洞，用白色糖霜涂抹饼干表面。

9 再用黑色糖霜写上"口"字，红色糖霜写上"中"字，绿色糖霜写上"發"字，放凉即可。

 提示　♥打麻将是很适合过年团聚消遣的游戏之一，可以把麻将糖霜饼干做成礼盒，当作礼物馈赠亲友。

过年

象棋

分量

32个

⊞	压模+糖霜
🖊	180℃
✖	★★★★
⏰	30min

Ingredients
材料

无盐奶油	90g
糖粉	60g
全蛋液	30g
松饼粉	150g
花生粉	150g
高筋面粉	少许

Decorate
装饰糖霜

红色糖霜	少许
黑色糖霜	少许

Steps
做法

1

将无盐奶油及糖粉放入钢盆中，拌匀成乳霜状，加入全蛋液拌打均匀。

2

再加入松饼粉、过筛的花生粉拌匀成团。

3

桌面上撒高筋面粉，将面团放置在桌面上用手拍平，用擀面棍擀成厚度约0.5cm的饼皮，用圆形压模压出象棋形状。

4

排在放有防粘布的烤盘上，再用小一点的圆形裱花嘴轻压出圆形凹线。

5

放进已预热至180℃的烤箱中，烘烤15min，至表面呈现金黄色，从烤箱中移出放凉。

6

将糖霜装入三明治袋中，前端剪一个小洞，即可在饼干上利用黑色糖霜、红色糖霜写上字。

提示

♥ 若没有松饼粉，可直接用低筋面粉150g及泡打粉2g代替。

♥ 做成32个象棋子，可以一边下象棋，一边把输的棋子吃掉，是不是很好玩呢！

Chapter 2

梦幻的童话故事

每个人的心中都有专属于自己的一个童话故事，希望这个童话故事的主题，

能带领我们在忙碌生活中找到一丝温暖与放松！

《糖果屋》

双色甜心
棒棒糖

分量
10个

○ 塑形饼干

🥄 170℃

✗ ★★★★

⏱ 25min

Ingredients
材料

无盐奶油	40g
细砂糖	40g
全蛋液	20g
低筋面粉	90g
奶粉	10g
草莓粉	1g
芋头粉	1g

Steps
做法

1

将无盐奶油及细砂糖放入钢盆中，加入全蛋液拌打均匀。

2

再加入过筛的低筋面粉、奶粉拌匀为基本面团。

3

将基本面团分成3份，分别为100g、50g、50g，取其中50g加入草莓粉，另50g加入芋头粉，拌匀成团。

4

将白色面团分割为10个、粉红色面团分割为5个、紫色面团分割为5个，每个为约10g的小面团，再搓成长条状。

5

将彩色面团扭转成粉白与白紫相间的面团。

6

面团底部放上棒棒糖的棍子，排在放有防粘布的烤盘上，用毛刷刷上蛋白（分量外）。

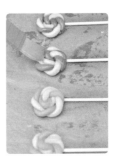

7

放进已预热至170℃的烤箱中，烘烤15min，至轻推可移动即可。

 提示

♥小朋友都很喜欢棒棒糖，运用配色及巧思，就能将饼干变身为棒棒糖。

《糖果屋》

糖果

分量
约13个

☉ 压模+糖霜
🖍 180℃
✕ ★★★★★
🕐 25min

Ingredients 材料		Decorate 装饰糖霜	
无盐奶油	30g	绿色糖霜	少许
细砂糖	25g	白色糖霜	少许
全蛋液	10g	蓝色糖霜	少许
低筋面粉	70g	红色糖霜	少许
奶粉	10g	粉红色糖霜	少许
高筋面粉	少许	靛色糖霜	少许

Steps
做法

1

将无盐奶油及细砂糖放入钢盆中，拌匀成乳霜状，加入全蛋液拌打均匀。

2

加入过筛的低筋面粉、奶粉拌匀成团。

3

桌面上撒高筋面粉，将面团放置在桌面上用手拍平，用擀面棍擀成厚度约0.3cm的饼皮。

4

用凤梨压模压出凤梨形状。

5

用压模反着再压一下，即可成为糖果形状，排在放有防粘布的烤盘上。

6

放进已预热至180℃的烤箱中，烘烤15min，至表面呈现金黄色后，取出放凉。

7

将糖霜装入三明治袋中，前端剪一个小洞，即可在饼干上利用不同色彩涂鸦。

提示　♥在没有糖果模型的情况下，只好用拼接的方式，利用凤梨形状的压模，左右各压一下，即使有些分离也无妨，只要在防粘布上拼接回去即可，烤完再上糖霜，就是漂亮的糖果饼干了。

《白雪公主》

苹果

分量
约28个

压模+糖霜
180℃
★★★★★
25min

Ingredients
材料

无盐奶油	95g
糖粉	80g
全蛋液	30g
低筋面粉	160g
泡打粉	1g
奶粉	45g
高筋面粉	少许

Decorate
装饰糖霜

红色糖霜	少许
绿色糖霜	少许

Steps
做法

1

将无盐奶油、糖粉放入钢盆中，用电动打蛋器打成乳霜状。

2

分次加入全蛋液拌打均匀。

3

陆续加入过筛的低筋面粉、泡打粉、奶粉拌匀成团。

4

桌面上撒高筋面粉，将面团放置在桌面上用手拍平，用擀面棍擀成厚度约0.3cm的饼皮。

5

用苹果压模压出苹果的形状，在饼皮的其中一边用花形压模压去一角。

6

将饼皮排在放有防粘布的烤盘上，放进已预热至180℃的烤箱中，烘烤15min，至表面呈现金黄色后，取出放凉。

7

将糖霜装入三明治袋中，前端剪一个小洞，即可在苹果上涂满红色糖霜，在蒂头上涂满绿色糖霜。

8

涂好后，在边框上再描绘一次，使其更有立体感。

提示

♥ 用苹果压模压出苹果造型后，可再用花形压模压一角，形成苹果被咬一口的感觉；亦可不压，做成一颗完整的苹果。

蝴蝶

分量
约12个

- 冷冻饼干
- 180℃
- ★★
- 150min

Ingredients
材料

无盐奶油	110g
细砂糖	85g
全蛋液	30g
低筋面粉	210g
草莓粉	3g
芋头粉	1g
可可粉	2g

1

将无盐奶油、细砂糖放入钢盆中，拌匀成乳霜状。

2

加入全蛋液拌打均匀，再加入过筛的低筋面粉拌匀为基本面团。

3

取基本面团145g，加入草莓粉拌匀为粉红色面团；取基本面团20g，加入芋头粉拌匀为紫色面团；取基本面团40g，加入可可粉拌匀为可可面团。

4

粉红色面团：分成2份，搓成10cm长的圆柱状，做成蝴蝶翅膀，冷冻30min。

5

紫色面团：分成4份，搓成10cm长的条状，做成蝴蝶身体的花纹，冷冻15min。

6

可可面团：取12g，分成2等份，搓成10cm长的条状，做成触角，冷冻15min；其余可可面团整理成10cm长的圆柱状，做成身体，冷冻30min。

7

原色面团：将剩余的基本面团，擀成厚度约0.3cm的饼皮，放置在室温中。

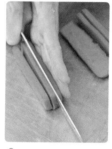

8

将两个圆柱状粉红色面团各分成3等份。

9

下层面团放置在桌面上后，中间面团夹住两条紫色长条状面团。

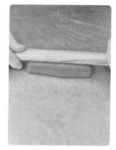

10

盖上第3份面团后，将其捏合，在中央处用擀面棍轻压，做成翅膀的弧线。另一边亦同。

11

将身体可可面团夹在两个翅膀中间，粘上触角。

12

空隙处用原色面团填满，最外层再用原色面团包裹住，放入冰箱冷冻1h。

13

冷冻后取出切片，排在放有防粘布的烤盘上。

14

放进已预热至180℃的烤箱中，烘烤12min，至饼干轻推可移动即可。

《灰姑娘》

高跟鞋

分量

约**32**个

		Ingredients 材料		Decorate 装饰糖霜	
🔆 压模+糖霜		无盐奶油	55g	红色糖霜	少许
🌡 180℃		糖粉	45g	蓝色糖霜	少许
✕ ★★★★★		全蛋液	15g	绿色糖霜	少许
⏱ 25min		低筋面粉	90g	黄色糖霜	少许
		泡打粉	1g	银珠糖	适量
		奶粉	20g	装饰糖花	适量
		高筋面粉	少许		

Steps
做法

1

将无盐奶油及糖粉放入钢盆中，用电动打蛋器打成乳霜状。

2

加入全蛋液拌打均匀。

3

陆续加入过筛的低筋面粉、泡打粉、奶粉拌匀成团。

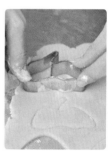

4

桌面上撒高筋面粉，将面团放置在桌面上用手拍平，用擀面棍擀成厚度约0.3cm的饼皮，用压模压出高跟鞋的形状，排在放有防粘布的烤盘上。

5

放进已预热至180℃的烤箱中，烘烤12min，至表面呈现金黄色后，取出放凉。

6

将糖霜装入三明治袋，前端剪一个小洞，即可在饼干上利用不同色彩涂鸦。

7

在糖霜未干之前，放上银珠糖或装饰糖花，即可为高跟鞋糖霜饼干装饰不同造型。

提示

♥装饰糖霜中的糖粉可增减，以调整糖霜软硬度。画较大面积时，装饰糖霜中的糖粉可减少，调为较稀的糖霜；画线条时，糖粉可加多一些，调制较浓稠的糖霜。

♥装饰糖霜配方中，意大利蛋白糖霜及水可用等量的蛋白取代，但不宜久放。

《灰姑娘》

小洋装

分量

25个

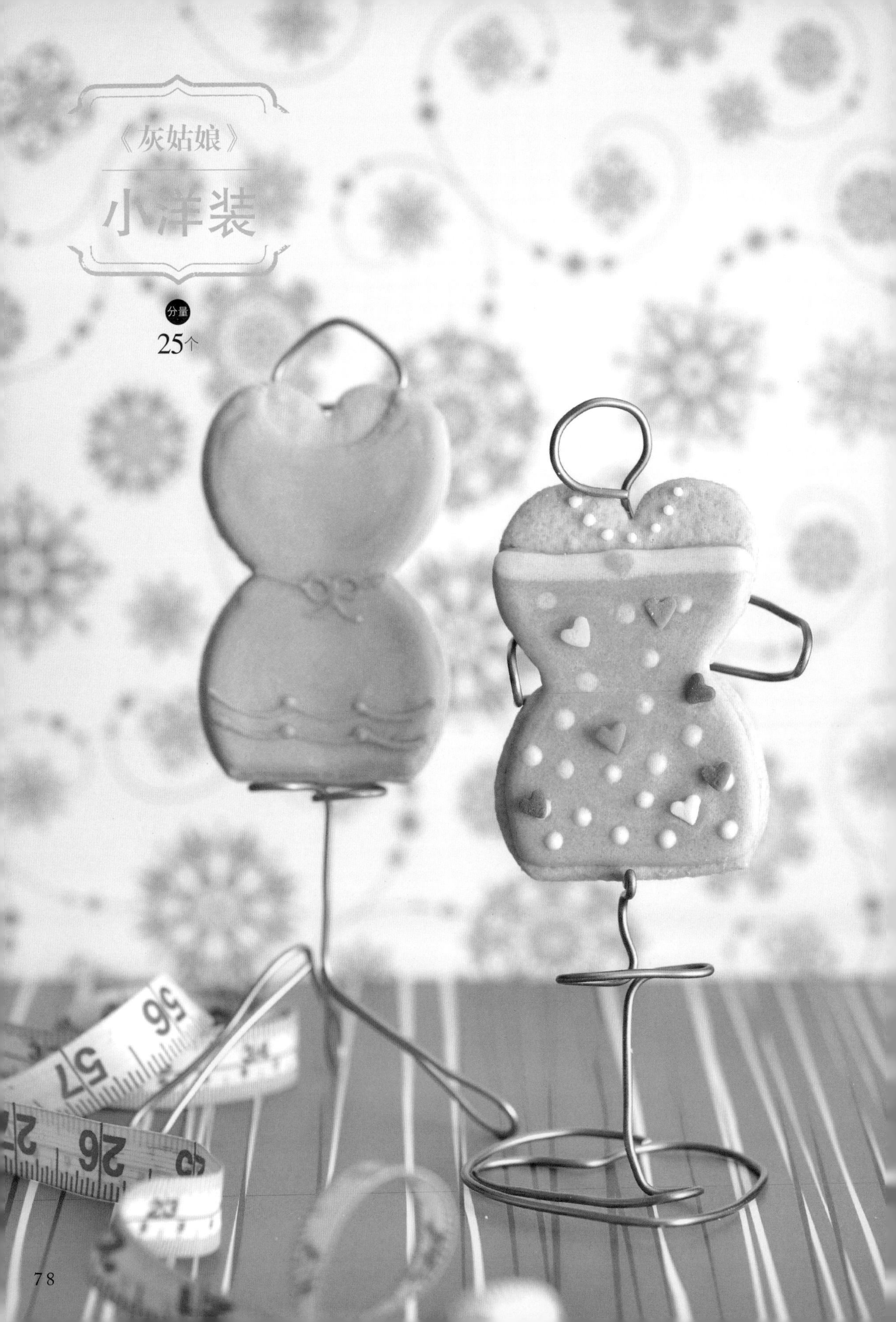

◎ 压模+糖霜	
🌡 180℃	
✕ ★★★★	
⏱ 25min	

Ingredients
材料

无盐奶油	100g
糖粉	90g
全蛋液	30g
低筋面粉	160g
泡打粉	1g
奶粉	45g
高筋面粉	少许

Decorate
装饰糖霜

粉红色糖霜	少许
蓝色糖霜	少许
绿色糖霜	少许
黄色糖霜	少许
白色糖霜	少许
装饰糖花	适量

Steps
做法

1
将无盐奶油及糖粉放入钢盆中，用电动打蛋器打成乳霜状，加入全蛋液拌打均匀。

2
再陆续加入过筛的低筋面粉、泡打粉、奶粉拌匀成团。

3
桌面上撒高筋面粉，将面团放置在桌面上用手拍平，用擀面棍擀成厚度约0.4cm的饼皮。

4
用心形压模压出心形。

5
将尾部尖角的1/3去除，做成上衣。

6
用圆形压模压出大圆，削去两端做成裙子。

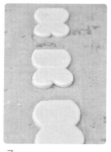

7
将上衣与裙子合起，整齐排在放有防粘布的烤盘上。

8
放进已预热至180℃的烤箱中，烘烤15min，至表面呈现金黄色后，取出放凉。

9
将糖霜装入三明治袋中，前端剪一个小洞，即可在饼干上利用不同色彩涂鸦。

提示

♥ 装饰糖霜中的糖粉可增减，以调整糖霜软硬度。画较大面积时，装饰糖霜中的糖粉可减少，调为较稀的糖霜；画线条时，糖粉可加多一些，调制成较浓稠的糖霜。

♥ 装饰糖霜配方中，意大利蛋白糖霜及水可用等量的蛋白取代，但不宜久放。

《灰姑娘》

礼物

分量
15个

Ingredients
材料

无盐奶油	·······	110g
细砂糖	·······	85g
全蛋液	·······	30g
低筋面粉	·······	215g
草莓粉	·······	3g
可可粉	·······	5g

⊞ 冷冻饼干
🥄 180℃
✗ ★★
⏰ 120min

Steps
做法

1

将无盐奶油及细砂糖放入钢盆中，拌匀成乳霜状，加入全蛋液拌打均匀。

2

再加入过筛的低筋面粉拌匀，即为基本面团。

3

取基本面团90g，加入草莓粉拌匀为粉红色面团；原色面团取200g；剩余面团加入可可粉，拌匀为可可面团。

4

粉红色面团：取15g分成2等份，分别捏成三角柱状；剩余粉红色面团擀成2片薄片（约1cm×5cm×10cm），放入冰箱冷冻30min。

5

原色面团：塑形成约4cm×4cm×10cm的四方柱，放入冰箱冷冻30min。

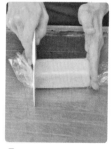

6

可可面团：取30g可可面团分为3份，每份10g，搓长至10cm备用；剩余面团擀成厚度约0.3cm的饼皮，室温放置。

提示　♥冷冻面团易滑刀，在切的时候必须特别小心。面团退冰太久容易变形，所以不能退冰太久，且切片时建议四面转方向切割。

7

将冷冻后的四方形原色面团对切后，擦上适量蛋白（分量外）。

8

中间先夹着冷冻后的片状粉红色面团，再对切。

9

中间再夹另一片粉红色面团。

10

接着修整四边。

11

在其中一面将冷冻三角柱状面团放上，做成蝴蝶结的部分。

12

空隙处填入步骤6的3条可可面团。

13

再将擀平的可可面团擦上适量蛋白（分量外），包裹住最外层，放入冰箱冷冻1h，使其定型。

14

从冰箱中取出切片（约15片），排在放有防粘布的烤盘上。

15

放进已预热至180℃的烤箱中，烘烤15min，至饼干轻推可移动即可。

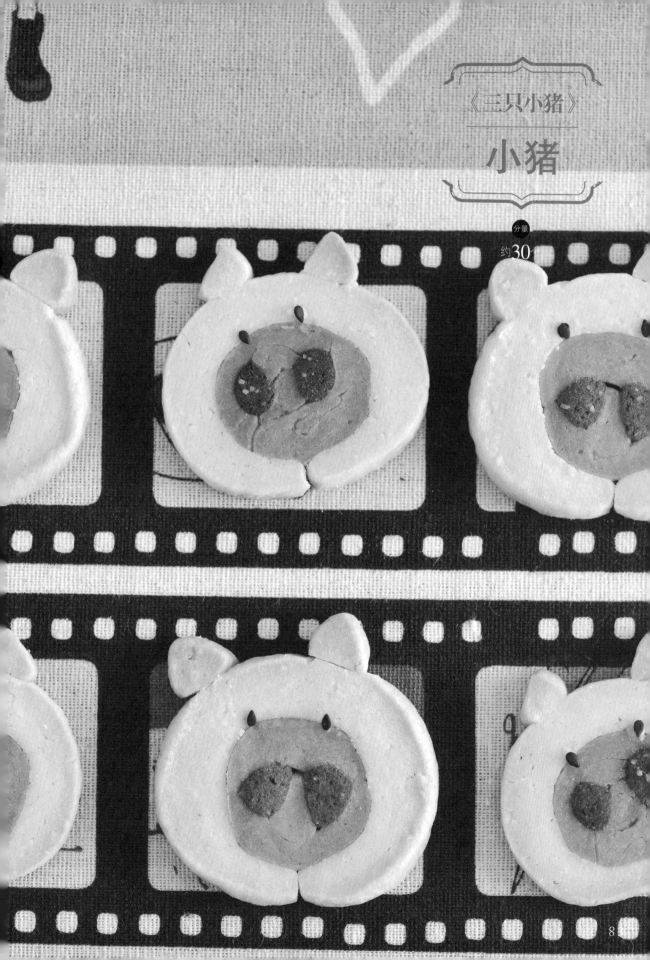

冷冻饼干
150℃
★★
120min

Ingredients
材料

无盐奶油·········55g
细砂糖···········55g
全蛋液···········25g
低筋面粉········140g
草莓粉············3g
芋头粉············2g
黑芝麻·········适量

Steps
做法

1
将无盐奶油、细砂糖放入钢盆中，用电动打蛋器打成乳霜状，加入全蛋液拌打均匀。

2
再加入过筛的低筋面粉拌匀，即为基本面团。

3
取65g的基本面团加入草莓粉，搓揉均匀，搓成一条18cm长的圆柱当鼻子。放进冰箱冷冻20min。

4
取16g的基本面团加入芋头粉，搓揉均匀，搓成两条18cm长的圆柱当鼻孔。放进冰箱冷冻20min。

5
取20g的基本面团，用手搓成两条细长的面团，长约18cm。再用手捏成三角柱当耳朵，放入冰箱冷冻20min。

6
剩余的基本面团（约180g）用擀面棍擀成厚度约0.3cm的面皮，大小约18cm×8cm，当脸。放进冰箱冷藏20min后，再室温放置。

7
将步骤3的猪鼻子取出，先用刀切出1/3。

8
将步骤4的猪鼻孔取出，放在1/3的粉红色面团上。

9

粉红色面团另取1/3，将其用手搓揉成长条，放在紫色面团中间，再盖上剩余1/3的粉红色面团后捏合。

10

用步骤6的面皮包裹住猪鼻子。

11

稍微压一下，再粘上步骤5的猪耳朵。

 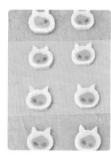 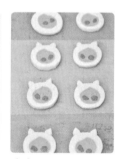

12

放进冰箱冷冻1h，使其固定后即可切片。

13

放进已预热至150℃的烤箱中，烘烤15min。

14

至饼干轻推可移动即可，从烤箱中取出，放凉。

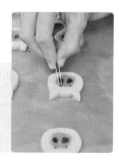

提示

♥烤箱的温度不宜太高，否则上色太深影响美观。

♥可以用熔化的巧克力点上眼睛，或是用夹子放上黑芝麻当小猪眼睛。

《三只小猪》

房子

分量

约**22**个

⊙ 压模饼干		
🥄 170℃		
✕ ★★★★		
🕐 25min		

Ingredients
材料

无盐奶油	65g
细砂糖	65g
全蛋液	30g
低筋面粉	150g
泡打粉	1g
奶粉	25g
草莓粉	3g

Steps
做法

1

将无盐奶油及细砂糖放入钢盆中，用电动打蛋器打成乳霜状，加入全蛋液拌打均匀。

2

加入过筛的低筋面粉、泡打粉、奶粉拌匀成白面团。

3

取40g白面团与草莓粉拌匀，成为粉红色面团，用手搓圆后压扁，再用擀面棍擀平，切割出屋檐及烟囱，再用圆形压模压出22个小圆片当窗户。

4

剩余白面团用手拍平，用擀面棍擀成厚度约0.3cm的饼皮，用压模压出房子形状。

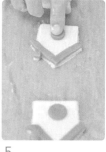

5

将房子排在放有防粘布的烤盘上，将粉红色屋檐、烟囱及窗户贴上。

6

放进已预热至170℃的烤箱中，烘烤15min，至轻推可移动即可。

《睡美人》

炸玫瑰花

分量
5朵

- 压模饼干
- 160℃
- ✕ ★★★
- 🕐 15min

Ingredients
材料

低筋面粉	125g
全蛋液	65g
无盐奶油	10g
细砂糖	15g
盐	少许
小苏打粉	1g
草莓果酱	适量
防潮糖粉	适量
高筋面粉	少许

Steps
做法

1

将低筋面粉、全蛋液、无盐奶油、细砂糖、盐及小苏打粉放入钢盆中，拌匀成团。

2

桌面上撒高筋面粉，将面团放置在桌面上用手拍平，用擀面棍擀成厚度约0.2cm的饼皮。

3

压模先沾粉，用不同压模压出大、中、小三种圆形面皮。

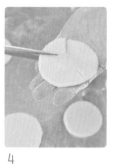

4

每个面皮分别平均切割五刀，做成花瓣。

5

在每片花瓣中间用全蛋液（分量外）黏结。

6

准备油锅，用160℃的油温，将花瓣下锅油炸，让面片自然成为花形，呈现金黄色即可，起锅。

7

放凉后，撒上防潮糖粉，在花芯的地方挤上草莓果酱增添风味。

提示
- ♥ 正面朝下先炸，开口裂痕较大会较美观。
- ♥ 如想要更酥脆的口感，可加入碳酸氢铵。

Chapter 3

缤纷的色彩花园

通过细微的观察，将日常生活中的点滴，

以及四季所见的百花盛开，化成独特的造型饼干！

樱桃
硬糖饼干

20个

🍪 压模饼干
🌡 180℃
🍴 ★★★★
⏰ 25min

Ingredients
材料

无盐奶油	80g
糖粉	70g
全蛋液	25g
低筋面粉	130g
泡打粉	1g
奶粉	35g
红色水果硬糖	适量
白巧克力	适量
绿色食用色素	少许
高筋面粉	少许

1

将无盐奶油及糖粉放入钢盆中，用电动打蛋器打成乳霜状。加入全蛋液拌匀。

2

陆续加入过筛的低筋面粉、泡打粉、奶粉拌匀成团。

3

桌面上撒高筋面粉，将面团放置在桌面上用手拍平，用擀面棍擀成厚度约0.2cm的饼皮。

4

用圆形压模压出圆圈的形状。

5

取其中一片，再压出两个小圆圈。

6

另一片当底擦上蛋白（分量外），将两片饼干黏合在一起。

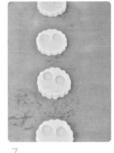

7

排在放有防粘布的烤盘上。

8

红色水果硬糖放入塑料袋中用刀背敲碎，空出的小圆圈中放入压碎的硬糖。

9

放进已预热至180℃的烤箱中，烘烤15min，至表面呈现金黄色，从烤箱中取出，放凉即可。

10

白巧克力隔水加热熔化，加入少许的绿色食用色素拌匀，装入三明治袋中，前端剪一个小洞，在饼干上画出樱桃梗。

提示　♥可以找更小的圆形压模，多压几个圆圈，填入紫色硬糖，做成葡萄造型饼干。

叶子
抹茶饼干

分量
约45个

Ingredients
材料

无盐奶油	30g
糖粉	20g
全蛋液	6g
低筋面粉	45g
抹茶粉	2g
细砂糖	少许
高筋面粉	少许

压模饼干
180℃
★★★★★
20min

Steps
做法

1
将无盐奶油及糖粉放入钢盆中，搅拌均匀。

2
再加入全蛋液拌打均匀。

3
加入过筛的低筋面粉与抹茶粉拌匀成团。

4
桌上撒高筋面粉，将面团放置在桌面上，用手拍平，用擀面棍擀成厚度约0.3cm的饼皮，用叶子压模压出叶子形状。

5
排放在垫有防粘布的烤盘上，撒上细砂糖装饰。

6
放进已预热至180℃的烤箱中，烘烤12min，至表面呈现金黄色即可。

提示

♥叶子压模有各种形式和大小，亦有不同叶子造型可选用。
♥放进烤箱前在饼干上撒细砂糖，制造不同效果。

双层
小花饼干

分量
约25个

<table>
<tr><td>⊙ 压模饼干</td></tr>
<tr><td>🌡 170℃</td></tr>
<tr><td>✗ ★★★★★</td></tr>
<tr><td>🕐 25min</td></tr>
</table>

Ingredients
材料

无盐奶油·············80g
细砂糖···············80g
全蛋液···············40g
低筋面粉············210g
草莓粉···············少许
芋头粉···············少许
高筋面粉···········少许
果酱···············适量

Steps
做法

1

将无盐奶油、细砂糖放入钢盆中，用电动打蛋器拌匀，打成乳霜状。加入全蛋液拌打均匀，即为基础面糊，分成两半。

2

在一半的基础面糊中加入105g过筛的低筋面粉及草莓粉，拌匀成粉红色面团。

3

在另一半中加入105g过筛的低筋面粉及芋头粉，拌匀成紫色面团。

4

桌面上撒高筋面粉，将面团放置在桌面上用手拍平，用擀面棍擀成厚度约0.3cm的饼皮；粉红色面团与紫色面团分别用压模压出花形。

5

粉红色花用圆形压模在中心压出一个小圆形。

6

将紫色花先擦蛋白（分量外），接着上下叠起，排在放有防粘布的烤盘上。

7

放进已预热至170℃的烤箱中，烘烤15min，至轻推可移动即可。

8

在花芯的部分填入果酱，可增添风味。

提示

♥利用不同颜色的面团变化造型；亦可用单一颜色，利用颜色深浅做渐层花样。

分量

7个

⊞ 塑形饼干	Ingredients
🥄 180℃	材料
✕ ★★★★	无盐奶油 ·········· 60g
⏰ 30min	细砂糖 ·········· 15g

无盐奶油 ·········· 60g
细砂糖 ·········· 15g
盐 ·········· 少许
低筋面粉 ·········· 80g
杏仁粉 ·········· 25g
抹茶粉 ·········· 1g
苦甜巧克力 ·········· 适量
草莓巧克力 ·········· 适量

Steps
做法

1

将无盐奶油、细砂糖与盐放入钢盆中，拌匀成乳霜状。

2

加入过筛的低筋面粉、杏仁粉、抹茶粉拌匀成团。将面团分割为7等份的圆球（每个约25g）。

3

将25g的圆球再分别捏出8g、7g、5g、3g、2g的大小不同的圆球，排在放有防粘布的烤盘上，接着再刷上蛋白（分量外）。

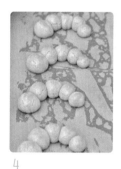

4

放进已预热至180℃的烤箱中，烘烤15min，至表面呈金黄色，取出放凉。

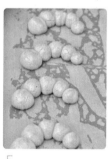

5

苦甜巧克力、草莓巧克力分别隔水加热熔化，装入三明治袋中。

6

袋口剪一个小洞，在毛毛虫的眼睛处先点上草莓巧克力，待凝固后再点上苦甜巧克力。

提示　♥巧克力隔水加热时应避免温度太高，且须避免水跑进巧克力锅中，导致巧克力油水分离。

向日葵造型饼干

- ◉ 压模饼干
- 🥄 180℃
- ✗ ★★★★
- 🕐 20min

Ingredients
材料

无盐奶油	75g
细砂糖	55g
全蛋液	15g
鲜奶	15g
低筋面粉	140g
可可粉	7g
高筋面粉	少许

1

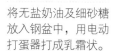

将无盐奶油及细砂糖放入钢盆中，用电动打蛋器打成乳霜状。

接着将全蛋液与鲜奶混合好后分次加入，拌打均匀成为基础面糊。

3

基础面糊分两份，每份为80g。其中一份加入70g过筛的低筋面粉拌匀，为白面团。

4

剩余的80g基础面糊加入低筋面粉70g与可可粉7g拌匀，为可可面团。

5

桌面上撒高筋面粉，将两个面团分别放置在桌面上用手拍平，用擀面棍擀成厚度约0.3cm的饼皮。

6

用压模压出花的形状，再用圆形压模或裱花嘴圆孔的部分压出圆圈并取出备用。

7

剩余的面团再擀成厚度约0.3cm的饼皮，一样用压模压出花的形状。重复动作到两色面团完全使用完。

8

将饼皮全部放在垫有防粘布的烤盘中排好，压出的圆圈交互放入另一颜色的空心中，用叉子在边缘压痕，在中间圆圈的地方戳洞。

9

放进已预热至180℃的烤箱中，烘烤15min，至表面呈现金黄色即可。

 提示

♥粉类材料需过筛，避免结颗粒。
♥在面团边缘压痕及花芯戳洞可让饼干更像向日葵造型。

草莓
造型饼干

分量
约15个

冷冻饼干

180℃

✗ ★★

⏱ 110min

Ingredients
材料

无盐奶油 ·········· 50g
细砂糖 ············· 40g
全蛋液 ············· 10g
低筋面粉 ·········· 95g
草莓粉 ·············· 3g
抹茶粉 ·············· 2g
黑芝麻 ············· 适量

Steps
做法

1

将无盐奶油及细砂糖
放入钢盆中，拌匀成
乳霜状。

2

加入全蛋液拌打均
匀。

3

再加入过筛的低筋面粉拌匀为基本面团。

4

取基本面团70g，加
入草莓粉拌匀成团。

5

取基本面团50g，加
入抹茶粉拌匀。

6

预留20g的粉红色
面团，室温放置备
用。其余做成10cm
长的三角柱状，冷冻
30min。

7

抹茶面团做成10cm
长的三角柱状，冷冻
30min。

8

剩余面团做成包覆草
莓的面团。

9

抹茶面团冷冻取出后，切割锯齿形状做成蒂头。

10

将预留的20g粉红色面团填入切割成锯齿状的抹茶面团中，再与冷冻后的粉红色三角柱状面团黏合。

11

将原色面团擀成0.2cm厚的外皮。

12

将三色面团刷适量蛋白（分量外），组合成草莓形状，冷冻1h，使其定型。

13

冷冻定型后取出切片。

 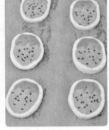

14

在粉红色面团上放入黑芝麻稍按压。

15

放进已预热至180℃的烤箱中，烘烤12~15min，至饼干轻推可移动即可。

 提示

♥草莓是吸引女孩子的梦幻水果，除了蛋糕上的装饰，也可以做成草莓造型饼干喔！

♥切片后的草莓也可以不按压黑芝麻，待烤好后放凉，用熔化的巧克力点上黑色点点。

蘑菇
造型饼干

分量
约15个

冷冻饼干

180℃

★★

120min

Ingredients
材料

无盐奶油	50g
细砂糖	40g
全蛋液	10g
低筋面粉	95g
草莓粉	2g
芋头粉	1g
抹茶粉	1g

Steps
做法

1
将无盐奶油及细砂糖放入钢盆中，拌匀成乳霜状。

2
加入全蛋液拌打均匀。

3
再加入过筛的低筋面粉拌匀为基本面团。

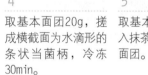

4
取基本面团20g，搓成横截面为水滴形的条状当菌柄，冷冻30min。

5
取基本面团20g，加入抹茶粉拌匀为绿色面团。

6
将绿色面团搓成3条细圆柱，做成菌盖上的圆点，放入冰箱冷冻30min。

7
取基本面团50g，加入芋头粉拌匀为紫色面团。

8

在剩余面团中加入草
莓粉拌匀成粉红色面
团，作为蘑菇外部的
面团，室温放置备
用。

9

紫色面团擀开，分成
3份当菌盖。

10

将冷冻的绿色圆柱放在紫色面团中间，包起
后稍微修饰形状。

11

其他两份亦同。完
成后，3份叠成三角
柱。

12

将步骤4冷冻的菌柄
面团粘在菌盖下方，
冷冻10min成蘑菇雏
形。

13

将蘑菇雏形从冰箱中取出，将一部分粉红色
面团搓成两条与菌柄等长的圆柱，黏合在菌
柄两侧；再将剩余的粉红色面团包裹整个蘑
菇，放入冰箱冷冻1h。

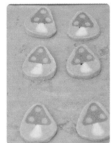

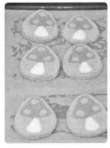

14

冷冻后取出切片。

15

排在放有防粘布的烤
盘上。

16

放进已预热至180℃
的烤箱中，烘烤12~
15min，至饼干轻推
可移动即可。

橘子片
软糖饼干

分量
50个

▦ 压模饼干	**Ingredients** 材料
🥄 180℃	无盐奶油 ·········· 80g
✕ ★★★★	糖粉 ·············· 70g
⏰ 20min	全蛋液 ············ 25g
	低筋面粉 ········· 130g
	泡打粉 ············· 1g
	奶粉 ·············· 35g
	黄色小熊软糖 ····· 适量
	高筋面粉 ·········· 少许

Steps
做法

1

将无盐奶油及糖粉放入钢盆中，用电动打蛋器打成乳霜状，再分次加入全蛋液拌打均匀。

2

陆续加入过筛的低筋面粉、泡打粉、奶粉拌匀成团。

3

桌面上撒高筋面粉，将面团放置在桌面上用手拍平，用擀面棍擀成厚度约0.4cm的饼皮。

4

用圆圈压模压出大圆圈的形状。

5

再将其对半切开，排在放有防粘布的烤盘上。

6

用水滴形的裱花嘴在饼皮上压出水滴形，或用珍珠奶茶的大吸管压折一边压出水滴形，用牙签取出。

7

空出的水滴形中放入切碎的小熊软糖。放进已预热至180℃的烤箱中，烘烤12min，至表面呈现金黄色即可。

♥若在烘烤过程中，小熊软糖熔化后，高度不及饼干的高度，可在烘烤10min时将烤盘托出，再将切碎的小熊软糖填满水滴形空洞处，再放回烤箱继续烤2min，让表面平整美观。
♥水滴形裱花嘴即用来挤玫瑰花的裱花嘴。

蜗牛
造型饼干

分量
约25个

冷冻饼干
170℃
★★★
90min

Ingredients
材料

无盐奶油	80g
糖粉	40g
盐	1g
全蛋液	35g
低筋面粉	115g
可可粉	7g
巧克力	适量

1

将无盐奶油及糖粉放入钢盆中，拌匀成乳霜状。

2

加入盐与全蛋液拌打均匀，为基础面糊。

3

取105g基础面糊放入钢盆中，加入75g过筛的低筋面粉拌匀成白面团。

4

剩余的基础面糊加入40g低筋面粉及可可粉拌匀成可可面团。

5

桌上先铺一张保鲜膜或割开的塑料袋，取100g白面团擀成厚度约0.3cm的面皮。

6

用同样的方式，将可可面团擀成与白面皮大小一样的长方形。

7

在可可面皮上刷上蛋白当黏着剂后，放上白面皮卷起，放入冰箱冷冻1h。

8

将冰硬的螺旋饼皮取出，切成厚度约0.8cm的小圆饼，再排在烤盘上。

9

将剩余的白面团搓长，当作蜗牛的身体。

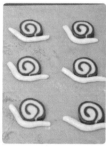

10

将蜗牛面皮排在放有防粘布的烤盘上。

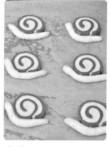

11

放进已预热至170℃的烤箱中，烘烤15min，至轻推可移动即可，从烤箱中取出放凉。

12

可以再用熔化的巧克力加工一下，更可爱。

提示

♥ 在塑料袋中擀平，利用面团中的油脂成分较不易黏结，且方便整形。

♥ 巧克力隔水加热时应避免温度太高，且须避免水跑进巧克力锅中，导致巧克力油水分离。

蝴蝶酥

分量
24~26个

◎ 酥皮饼干
🥄 200℃
✗ ★★★★★
⏱ 20min

Ingredients
材料

酥皮·············2片
细砂糖············适量
全蛋液············适量

Prepare
预备动作

将酥皮室温放置解
冻，到可弯折的状态
备用。

Steps
做法

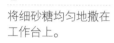

1
将细砂糖均匀地撒在
工作台上。

2
放上酥皮，表面用毛刷刷上全蛋液（分量
外），再平均抹一层细砂糖。

3
将酥皮以目测4等分由外往内折，再对折。

4
用刀切成1cm宽的条
状，有卷折的面朝
上，呈V形排在烤盘
上。

5
用毛刷在酥皮表面涂抹全蛋液，用手撒上适
量的细砂糖。

6
放进已预热至200℃的烤箱中，烘烤10～
15min，至表面呈现金黄色即可。

提示　♥酥皮室温放置解冻到可弯折的状态即可，退冰太久反而不好操作。

果酱
年轮饼

分量
4个

⊞ 其他
🌡 100℃
✖ ★★★★★
⏰ 130min

Ingredients
材料

薄片吐司·········4片
草莓果酱·······适量

Steps
做法

1

用圆形花边压模或蛋
挞模将薄片吐司压出
圆片。

2

将草莓果酱装入三明
治袋中，前端剪小
孔。

3

在吐司上由中心点挤
出螺旋形。

4

放进已预热至100℃
的烤箱中。

5

低温烘烤2h，至表面
呈现金黄色即可。

提示

♥ 吐司吃剩或吃不完，可依照此方法制作。将吐司面包烘烤到干，既有
饼干口感，又可延长在密封罐中的保存时间。

♥ 果酱可自行变化其他口味，如买到有颗粒口感的果酱，建议用刮板在
三明治袋中稍做压切的动作，以免挤时颗粒卡在洞口不易挤出。

Chapter 4

可爱的动物朋友

生活中的感动来自内在心灵的感受，通过栩栩如生的可爱动物造型，

让手作烘焙的幸福，更添活泼与温暖的触动！

小熊

分量
约18个

| 压模+拼贴 |
| 170℃ |
| ★★★★ |
| 30min |

Ingredients
材料

无盐奶油	75g
糖粉	40g
低筋面粉	75g
可可粉	25g
白巧克力	50g
草莓巧克力	少许
高筋面粉	少许

Steps
做法

1

将无盐奶油及糖粉放入钢盆中，用电动打蛋器拌匀成乳霜状，做成基本面团。

2

取15g基本面团放入小碗中，加入10g的低筋面粉拌匀。桌面上撒高筋面粉，用擀面棍擀成厚度约0.3cm的饼皮，用小压模压出小圆圈。

3

将剩余的基本面团、低筋面粉、可可粉拌匀，为可可面团。

4

在桌面上撒高筋面粉，将可可面团放置在桌面上用手拍平，用擀面棍擀成厚度约0.3cm的饼皮。

5

压模先沾粉，压出小熊的形状。

6

将小熊排在放有防粘布的烤盘上，将步骤2的小圆圈贴在小熊的身上做成纽扣。

7

放进已预热至170℃的烤箱中，烘烤20min，至轻推可移动即可，从烤箱中取出，放凉。

8

将白巧克力隔水加热熔化，放入三明治袋中，前端剪一个小洞，为小熊画上眼睛、鼻子、嘴巴。用隔水加热熔化的草莓巧克力在小熊身上画上领结。

提示

♥ 如果想要多点变化，可以在纽扣上加点黄金乳酪粉。

♥ 领结除了用巧克力画以外，还可以做出不同口味：取一点基本面团，加少许草莓粉拌匀，捏出领结，放在小熊身上，再放进烤箱烘烤。

奶油狮

分量
约 **15** 个

压模饼干	
170℃	
★★★★	
25min	

Ingredients
材料

无盐奶油 …………… 80g
细砂糖 ……………… 80g
全蛋液 ……………… 40g
低筋面粉 ………… 210g
可可粉 ……………… 15g
苦甜巧克力 ……… 适量

1

将无盐奶油及细砂糖放入钢盆中，用电动打蛋器打成乳霜状。

2

分次加入全蛋液拌打均匀，分成两半。

3

将做好的面糊取100g放入钢盆中，加入120g的低筋面粉拌匀成白面团。剩余的面糊加入90g的低筋面粉及可可粉拌匀，成为可可面团。

4

将白面团、可可面团分别擀成厚度0.3cm的面皮，用压模压出圆形及花形。

5

可可面皮中间再用圆形压模压出中空。

6

白面皮刷上蛋白（分量外），与可可面皮上下叠起。

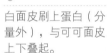

7

排在放有防粘布的烤盘上。

8

放进已预热至170℃的烤箱中，烘烤15min，至轻推可移动即可，从烤箱中取出，放凉。

9

将苦甜巧克力隔水加热熔化，装入三明治袋中，前端剪一个小洞，画出奶油狮的眼睛、鼻子、嘴巴。

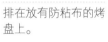

 提示　♥可以用剪刀剪掉多余的白面皮，又是另外一种奶油狮饼干的感觉。

兔子

分量
约35个

压模饼干

170℃

★★★★

25min

Ingredients
材料

无盐奶油	65g
细砂糖	65g
全蛋液	30g
低筋面粉	150g
泡打粉	1g
奶粉	25g
草莓粉	3g
苦甜巧克力	适量
高筋面粉	少许

Steps
做法

1

将无盐奶油及细砂糖放入钢盆中，用电动打蛋器打成乳霜状，再加入全蛋液拌打均匀。

2

陆续加入过筛的低筋面粉、泡打粉与奶粉拌匀成白面团。

3

取50g白面团与草莓粉拌匀，成为粉红色面团。再用裱花嘴压出圆片做蝴蝶结。

4

桌面上撒高筋面粉，将白面团放置在桌面上用手拍平，用擀面棍擀成厚度约0.3cm的饼皮，用压模压出兔子形状。

5

排在放有防粘布的烤盘上，在兔子耳朵处贴上圆形的粉红色面团。

6

再用更小号的裱花嘴压出蝴蝶结的形状。

7

放进已预热至170℃的烤箱中，烘烤12min，至轻推可移动即可从烤箱中取出，放凉。

8

将苦甜巧克力隔水熔化，装入三明治袋中，前端剪一个小洞，点上兔子眼睛及嘴巴。

提示　♥这款饼干简单又有趣，很适合妈妈带小朋友一起进行亲子活动。

大头狗

分量
20个

- ⊕ 压模饼干
- 🌡 170℃
- ✗ ★★★★
- ⏰ 35min

Ingredients
材料

无盐奶油	80g
细砂糖	80g
全蛋液	40g
低筋面粉	210g
可可粉	5g
苦甜巧克力	适量
高筋面粉	少许

1

将无盐奶油及细砂糖放入钢盆中，用电动打蛋器打成乳霜状，加入全蛋液、过筛的低筋面粉拌匀，为基本面团。

2

将基本面团分成两半，其中一半加入可可粉拌匀，为可可面团。

3

桌面上撒高筋面粉，将两色面团分别放置在桌面上用手拍平，用擀面棍擀成厚度约0.3cm的饼皮。

4

将可可面团用圆形压模压出圆形。

5

取中段平行切割成长条状。

6

将白面团用心形模型压出心形。

7

将长条状的可可面皮再用擀面棍擀长一点，刷上蛋白（分量外）。

8

将心形反方向拼贴在长条状可可面团上，排在放有防粘布的烤盘上。

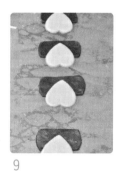

9

放进已预热至170℃的烤箱中，烘烤15min，至轻推可移动即可，从烤箱中取出，放凉。

10

将苦甜巧克力隔水熔化，装入三明治袋中，前端剪一个小洞，在饼干上画眼睛、鼻子与斑点，即为大头狗造型饼干。

提示　♥利用不同模型做拼贴可以激发小朋友的创造力，妈妈不妨带着小朋友一起完成。

熊掌

分量
约**30**个

🍪 冷冻饼干
🥄 180℃
🍴 ★★★
⏰ 120min

Ingredients
材料

无盐奶油	110g
细砂糖	85g
全蛋液	30g
低筋面粉	210g
可可粉	5g

1

将无盐奶油及细砂糖放入钢盆中，拌匀成乳霜状，加入全蛋液拌匀。

2

加入过筛的低筋面粉拌匀为基本面团。将基本面团分成两半，其中一半加入可可粉拌匀，为可可面团。

3

取可可面团60g，分成3等份搓成条状，放入冰箱冷冻30min。

4

将剩余可可面团搓成圆柱状，放入冰箱冷冻30min。

5

取白面团60g，分成3等份，搓成条状。

6

拍扁或擀平后，再包裹冷冻后取出的3条20g的可可面团。

7

另取白面团80g搓成圆柱状，再用擀面棍擀成长方形。

8

擀平后，包裹冷冻后取出的可可面团。

9

最后将剩余白面团擀成一大片包裹住黑白面团，放入冰箱冷冻1h。

10

冷冻定型后取出切片。

11

排在放有防粘布的烤盘上。放进已预热至180℃的烤箱中，烘烤15min，至饼干轻推可移动即可。

小猴子造型饼干

分量
20个

	冷冻饼干
🥄	180℃
✖	★★
🕐	140min

Ingredients
材料

无盐奶油	85g
细砂糖	20g
盐	少许
全蛋液	25g
低筋面粉	135g
草莓粉	3g
苦甜巧克力	适量

1

将无盐奶油、细砂糖与盐放入钢盆中，拌匀成乳霜状，再加入全蛋液拌打均匀。

陆续加入过筛的低筋面粉拌匀成基本面团。

2

取一半的基本面团加入草莓粉，拌匀成粉红色面团。

3

将粉红色面团取8g搓成长条状，放入冰箱冷冻20min备用。

4

5

剩余粉红色面团搓成圆柱状。

6

将步骤4的长条状面团对半直切。

7

将圆柱状面团用筷子压，使剖面形成心形。

8

将切半的面团蘸水粘贴在心形两侧，放入冰箱冷冻30min。

9

在压空处填上白色面团，再包裹一圈白色面团，放入冰箱冷冻1h。

10

从冰箱中取出切片后，排在放有防粘布的烤盘上。

11

放进已预热至180℃的烤箱中，烘烤15min，至轻推可移动即可。

12

将苦甜巧克力隔水加热熔化，装入三明治袋中，前端剪一个小洞，在饼干上画眼睛、鼻子、嘴巴，即为小猴子造型饼干。

提示　♥脸部造型可以画出多种表情来增加趣味性。

巧克力
马卡龙
小熊

分量
约**25**个

- 挤花饼干
- 50℃→170℃
- ★★★
- 65min

Ingredients
材料

杏仁粉	60g
纯糖粉	80g
可可粉	8g
蛋白	55g
意大利蛋白糖霜	3g
细砂糖	55g

Pickled
夹馅

苦甜巧克力	50g
动物性鲜奶油	35g

Decorate
表面装饰

苦甜巧克力	适量
白巧克力	适量

1

取一钢盆，将杏仁粉、纯糖粉及可可粉过筛两次备用。

2

将蛋白与意大利蛋白糖霜放入钢盆中，用电动打蛋器打至起泡后，将细砂糖分两次加入，打至蛋白提起时有垂角不滴落，即为蛋白糖。

3

将过筛好的杏仁粉、纯糖粉及可可粉倒入打发好的蛋白糖中，以刀切的方式混合拌匀，即为杏仁蛋白糊。

4

把杏仁蛋白糊装入有平口裱花嘴的裱花袋中，烤盘垫上防粘布，挤出直径约2.6cm的圆形，室温中放置10~20min让表皮干燥。

5

烤箱预热至50℃，将挤好的杏仁蛋白糊放在中层，烘烤15min，使表面干燥结皮、不湿黏后，取出。

6

再将烤箱升温至170℃后，放入烤箱中继续烤15min，即为巧克力蛋白饼。

7

将苦甜巧克力用微波炉熔化后，加入动物性鲜奶油拌匀，即成巧克力浆。

8

将巧克力蛋白饼反面朝上，涂抹巧克力浆，两面合起，即为巧克力马卡龙。

9

将苦甜巧克力、白巧克力分别隔水加热熔化后，装入三明治袋中，在巧克力马卡龙上画眼睛、鼻子、耳朵即可。

提示

♥ 粉类材料需过筛，避免结颗粒。

♥ 巧克力蛋白饼表面干燥结皮后，再升温继续烤才不容易裂。

♥ 可可粉亦可换成6g咖啡粉，做成咖啡口味马卡龙。

♥ 杏仁蛋白糊以刀切的方式拌和即可，应避免过度搅拌，否则无法挤出立体圆饼。

♥ 苦甜巧克力可以用微波炉熔化或隔水加热熔化。

小花狗

分量
约40个

压模饼干
170℃
★★★★★
20min

Ingredients
材料

无盐奶油	40g
细砂糖	40g
全蛋液	20g
低筋面粉	105g
可可粉	7g

Steps
做法

1
将无盐奶油及细砂糖放入钢盆中，拌匀成乳霜状。

2
加入全蛋液拌打均匀，再加入过筛的低筋面粉拌匀为基本面团。

3
取65g基本面团，加入可可粉拌匀为可可面团。

4
将白色面团与可可面团分别擀成厚度约0.3cm的面皮，白色面皮用压模压出狗狗形状。

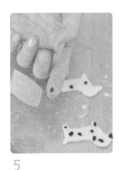

5
将可可面皮撕成不规则的圆形。在狗狗身上刷上一层蛋白（分量外），将撕成不规则形状的可可面皮贴上。

6
排在放有防粘布的烤盘上。

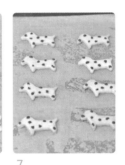

7
放进已预热至170℃的烤箱中，烘烤12min，至轻推可移动即可，从烤箱中取出，放凉。

刺猬

分量
8个

塑形饼干

180℃

★★★★

30min

Ingredients
材料

无盐奶油	60g
糖粉	30g
全蛋液	15g
低筋面粉	45g
中筋面粉	45g
奶粉	10g
土凤梨馅	200g
黑芝麻	适量
杏仁片	适量

Steps
做法

1
将无盐奶油及糖粉放入钢盆中，拌匀成乳霜状，加入全蛋液拌打均匀。

2
加入过筛的低筋面粉、中筋面粉、奶粉拌匀成团，分割成每个约25g的小面团。

3
将土凤梨馅分成8个，每个约25g。再将小面团擀开成面皮，包入土凤梨馅，将其整形成圆锥状。

4
用剪刀在面皮表面剪上数刀。

5
在眼睛处粘上黑芝麻。

6
均匀擦上蛋黄液（分量外），在耳朵位置插上杏仁片。

7
排在放有防粘布的烤盘上。放进已预热至180℃的烤箱中，烘烤20min，至轻推可移动即可，从烤箱中取出，放凉。

提示
♥土凤梨馅可换成各种口味，如抹茶、红茶或甘薯等。
♥耳朵也可以换成杏仁粒来变化造型。

玛德莲
小熊爪

分量
10个

模型饼干

170℃

★★★

35min

Ingredients
材料

全蛋液 ·············· 65g

细砂糖 ·············· 40g

盐 ·················· 少许

低筋面粉 ············ 40g

泡打粉 ·············· 1g

柠檬汁 ·············· 5g

无盐奶油（熔
化） ················ 40g

杏仁条 ············ 适量

苦甜巧克力 ········ 适量

高筋面粉 ········ 少许

136

1

杏仁条用100℃烘烤10min备用。

2

将烤模均匀抹上奶油，撒上过筛的高筋面粉，再敲出多余的高筋面粉备用。

3

将全蛋液、细砂糖与盐放入钢盆中，用电动打蛋器打至可画线的程度，加入柠檬汁拌匀。

4

加入过筛的低筋面粉及泡打粉拌匀。

5

最后加入熔化的无盐奶油，搅拌均匀。

6

装入裱花袋中，再挤入玛德莲烤模中至八成满。

7

放进已预热至170℃的烤箱中，烘烤15min，至表面金黄即可从烤箱中取出，放凉。

8

苦甜巧克力隔水熔化后，在玛德莲前端蘸取少量苦甜巧克力。

9

巧克力未完全干燥前粘上烘烤过的杏仁条，即为小熊爪。

提示

♥ 裱花袋使用前，先将裱花嘴塞入裱花袋堵住洞口，所灌的内馅才不易流出。

♥ 熔化巧克力时，巧克力锅切勿有水分；锅直接接触火来熔化巧克力，会破坏巧克力的品质。

章鱼

⊙ 压模饼干
✐ 170℃
✕ ★★★★
⏱ 30min

Ingredients
材料

无盐奶油··········40g
细砂糖···········40g
全蛋液···········20g
低筋面粉·········105g
草莓粉···········2g
意大利面条········适量
苦甜巧克力········适量

Steps
做法

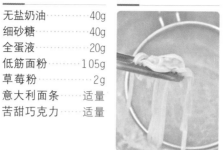

1
将意大利面条煮软，
切短备用。

2
将无盐奶油、细砂糖
放入钢盆中，拌匀成
乳霜状，加入全蛋液
拌打均匀。

3
加入过筛的低筋面
粉、草莓粉拌匀，成
为粉红色面团。

4
粉红色面团用擀面棍擀成厚度约0.3cm的饼
皮，用压模压出圆形或椭圆形。

5
压好的面皮底部用刀或刮刀平行切割，圆形
约取2/3，椭圆形约取一半。

6
将切短的意大利面条
放置在烤盘上，再盖
上粉红色面团。

7
放进已预热至170℃的烤箱中，烘烤15min，
至轻推可移动即可，取出放凉。

8
将苦甜巧克力隔水熔
化，装入三明治袋
中。

9
前端剪一个小洞，在
饼干上画眼睛、嘴
巴，即为章鱼造型饼
干。

Chapter 5

有趣的户外小物

无论是第一次看的球赛，还是第一次玩的冲浪，生活中许多的细节，其实都充满乐趣与故事。

如果能够用心细细品味，将会发现有很多动人心弦的感动与趣味！

国旗饼

分量
约25个

142

压模+糖霜
180℃
★★★★
30min

Ingredients 材料		Decorate 装饰糖霜	
无盐奶油	85g	红色糖霜	少许
糖粉	70g	蓝色糖霜	少许
全蛋液	30g	绿色糖霜	少许
低筋面粉	150g	黄色糖霜	少许
泡打粉	1g	粉红色糖霜	少许
白芝麻粉	30g		
高筋面粉	少许		

Steps 做法

1 将无盐奶油及糖粉放入钢盆中，用电动打蛋器打成乳霜状。

2 再加入全蛋液拌打均匀。

3 陆续加入过筛的低筋面粉、泡打粉及白芝麻粉拌匀成团。

4 在桌面上撒高筋面粉，将面团放置在桌面上用手拍平，用擀面棍擀成厚度约0.3cm的饼皮。用压模压出小长方形，在面团左侧放上棒棒糖棍子，排在放有防粘布的烤盘上。

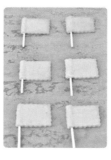

5 放进已预热至180℃的烤箱中，烘烤15min，至表面呈现金黄色后，取出放凉。

6 将糖霜装入三明治袋中，前端剪一个小洞，在饼干上分别画出国旗和车子等图样。

提示
♥ 无盐奶油须事先室温放置软化。
♥ 软化奶油是指室温放置回软，手指可以轻易按压下去；液化奶油是指奶油加热成液态使用。
♥ 家里没有电动打蛋器也可以使用打蛋器。
♥ 棒棒糖棍是烘焙专用的，可耐高温烘烤，一般烘焙材料店皆有销售。

汉堡包

分量

6个

塑形+糖霜

180℃

★★★★

40min

Ingredients
材料

无盐奶油········120g
糖粉············80g
蛋黄············20g
低筋面粉·······165g
可可粉··········15g
白芝麻··········适量

Decorate
装饰糖霜

红色糖霜·······少许
黄色糖霜·······少许
绿色糖霜·······少许

1

将无盐奶油及糖粉放入钢盆中，用电动打蛋器打成乳霜状。

2

蛋黄分两次加入，搅拌均匀为基础面糊。

3

加入165g过筛的低筋面粉拌匀，为白面团。

4

取120g白面团，加15g可可粉拌匀为可可面团。

5

将白面团分割成12个，每个约22g。将它们搓圆为小球，制作汉堡包的上盖和下盖。再将可可面团分割成6个，每个约20g，做成汉堡包肉排。

6

将全部面团放在垫有防粘布的烤盘上，轻轻压扁。

7

取其中6个白面团刷上蛋液（分量外），撒上白芝麻做成汉堡包上盖。将全部面团放进已预热至180℃的烤箱中，烘烤15min，至轻推可移动即可，取出放凉。

8

将糖霜分别装入三个碗中，滴入红色、黄色及绿色食用色素拌匀，再装入三明治袋中，前端剪一个小洞，即可在汉堡包肉排饼干上挤出似番茄酱、芥末酱和蔬菜的糖霜。

提示

♥ 粉类材料需过筛，避免结颗粒。

♥ 糖霜中的糖粉可以调整糖霜软硬度，想要稀一点糖粉就少些；如果太干，可滴入少许水调整成需要的软硬度。

橄榄球

分量
约35个

Ingredients
材料

无盐奶油	85g
糖粉	70g
全蛋液	30g
低筋面粉	150g
泡打粉	1g
白芝麻粉	30g
高筋面粉	少许

Decorate
装饰糖霜

意大利蛋白糖霜	25g
水	30g
糖粉	150g
黄金乳酪粉	适量

Steps
做法

1

将无盐奶油、糖粉放入钢盆中，用电动打蛋器打成乳霜状，加入全蛋液拌打均匀。

2

陆续加入过筛的低筋面粉、泡打粉、白芝麻粉拌匀成团。

  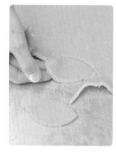

3

桌面上撒高筋面粉，将面团放置在桌面上用手拍平，用擀面棍擀成厚度约0.3cm的饼皮，用圆形压模的边上下交错压出橄榄形状，排在放有防粘布的烤盘上。

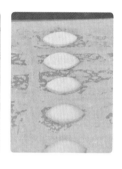

4

放进已预热至180℃的烤箱中，烘烤15min，至表面呈现金黄色即可。

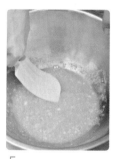   

5

将意大利蛋白糖霜、水放入钢盆中搅拌，再加入糖粉拌匀成糖霜。

6

取一些糖霜装入小碗中，加入黄金乳酪粉拌匀，装入三明治袋中，前端剪一个小洞，在饼干上大面积填满待干。再用白色糖霜画线条。

提示 ♥ 用黄金乳酪粉调糖霜，可以调制特别的橘色糖霜，好看又好吃。

啤酒杯

分量
16~18个

⊞ 压模+糖霜	
🔧	180℃
✕	★★★
⏰	30min

Ingredients
材料

无盐奶油	80g
糖粉	70g
全蛋液	25g
低筋面粉	130g
泡打粉	1g
奶粉	35g
高筋面粉	少许

Decorate
装饰糖霜

蓝色糖霜	少许
黄色糖霜	少许
橘色糖霜	少许
靛色糖霜	少许
棉花糖	适量

Steps
做法

1

将无盐奶油及糖粉放入钢盆中，打成乳霜状，分次加入全蛋液拌打均匀。

2

加入过筛的低筋面粉、泡打粉、奶粉拌匀成团。

3

在桌面上撒高筋面粉，将面团放置在桌面上用手拍平，用擀面棍擀成厚度约0.3cm的饼皮。

4

用压模压出圆形，将两侧及上方平行切齐呈杯子状。

5

用旁边切下来的面皮做成杯子耳朵，排在放有防粘布的烤盘上。

6

放进已预热至180℃的烤箱中，烘烤15min，至表面呈现金黄色后，取出放凉。

7

将各色糖霜装入三明治袋中，前端剪一个小洞，即可在饼干上利用不同色彩涂鸦。糖霜未干前放上切小块的棉花糖做成啤酒泡沫。

提示

♥棉花糖切小块，就能装饰得如啤酒泡沫一般。只要利用小巧思，就能让饼干变得好玩又有趣。

比基尼

分量

约32个

⊙ 压模+糖霜	
🥄 180℃	
✗ ★★★★★	
⏰ 25min	

Ingredients
材料

无盐奶油	80g
糖粉	70g
全蛋液	25g
低筋面粉	130g
泡打粉	1g
奶粉	35g
高筋面粉	少许

Decorate
装饰糖霜

红色糖霜	少许
蓝色糖霜	少许
绿色糖霜	少许
白色糖霜	少许
装饰糖花	适量

Steps
做法

1
将无盐奶油及糖粉放入钢盆中，用电动打蛋器打成乳霜状。

2
分次加入全蛋液拌打均匀。

3
陆续加入过筛的低筋面粉、泡打粉及奶粉拌匀成团。

4
在桌面上撒高筋面粉，将面团放置在桌面上用手拍平，用擀面棍擀成厚度约0.3cm的饼皮，用心形压模压出心形。

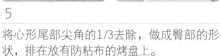

5
将心形尾部尖角的1/3去除，做成臀部的形状，排在放有防粘布的烤盘上。

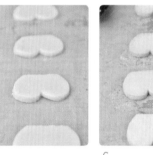

6
放进已预热至180℃的烤箱中，烘烤12min，至表面呈现金黄色后，取出放凉。

7
将糖霜装入三明治袋中，前端剪一个小洞，即可在饼干上利用不同色彩涂鸦。再将装饰糖花装饰到比基尼上。

提示

♥装饰糖霜中的糖粉，可增减以调整糖霜软硬度：画较大面积时，装饰糖霜中的糖粉可减少，调为较稀的糖霜；画线条时，糖粉可加多一些，调制较浓稠的糖霜。

蓝莓
风车派

分量

5个

⊙ 酥皮饼干
🖊 200℃
✕ ★★★★★
⏰ 18min

Ingredients
材料

酥皮·············5片
蛋黄液·········少许
蓝莓酱·········适量

Steps
做法

1
用小刀在酥皮的四角朝中心切5cm但不切断。

2
由四角往中心用蛋黄液黏合固定。

3
在酥皮上涂蛋黄液。

4
在中心点填入蓝莓酱。

5
放进已预热至200℃的烤箱中，烘烤15min，至酥皮膨胀且呈现金黄色即可。

提示
♥酥皮从冰箱中取出2～3min即可弯折，所以不需事先取出退冰。
♥蛋黄液即蛋黄打散，用刷子涂在所需的产品上。蛋液即全蛋打散，也用刷子涂在所需的产品上。蓝莓风车派用两种皆可，蛋黄液着色较深、较鲜艳，但成本较高。

船形
夏威夷果

分量
8个

▦ 模型饼干			
∕ 180℃			
✕ ★★			
⏱ 45min			

Ingredients 材料		Pickled 夹馅		Prepare 预备动作
无盐奶油	45g	细砂糖	40g	夏威夷豆用150℃烤
细砂糖	30g	蜂蜜	30g	15min备用。
盐	少许	动物性鲜奶油	40g	
全蛋液	15g	无盐奶油	30g	
低筋面粉	65g	夏威夷豆	120g	
乳酪粉	5g			
高筋面粉	少许			

Steps
做法

1

将无盐奶油、细砂糖、盐放入钢盆中，打成乳霜状，再加入全蛋液拌打均匀。

2

加入过筛的低筋面粉、乳酪粉拌匀成团。

3

双手蘸取高筋面粉，取一小团面团在船形模中捏塑，其他依序完成。

4

另取一锅，放入细砂糖、蜂蜜、动物性鲜奶油、无盐奶油，煮至呈焦糖色。

5

再放入烤熟的夏威夷豆拌匀。

6

将拌匀的焦糖夏威夷豆适量装入船形模中。

7

放进已预热至180℃的烤箱中，烘烤15min，至表面呈现金黄色即可。

提示
♥ 步骤4一开始时不可以搅拌，否则会返砂。
♥ 煮完的焦糖夏威夷豆要迅速装入船形模中，否则冷却变硬后，很难装入模型中。

奶油巧克力卷

分量
约20个

挤花饼干

🖌 160℃

✗ ★★

⏰ 25min

Ingredients
材料

无盐奶油	50g
糖粉	80g
蛋白	60g
低筋面粉	50g
可可粉	3g
杏仁粒	适量
苦甜巧克力	适量

Prepare
预备动作

找一塑料垫，画上直径12cm的圆圈，将其切割备用。

Steps
做法

1

杏仁粒用150℃烤15min备用。

2

将无盐奶油及糖粉放入钢盆中，拌匀成乳霜状。

3

加入蛋白、过筛的低筋面粉拌匀，为基本面糊。面糊覆盖塑料垫，用抹刀抹平。

4

取基本面糊50g，和可可粉拌匀为可可面糊，装入三明治袋中，前端剪一个小洞。

5

在白色面糊上画线条。

6

取出塑料垫，放入已预热至160℃的烤箱中，烘烤5~7min。

7

再使用竹筷迅速将薄饼卷起放凉（花纹面朝外）。

8

将苦甜巧克力隔水熔化，将饼干的一端蘸取苦甜巧克力，再撒上杏仁粒即为奶油巧克力卷。

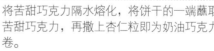

 提示

♥ 卷起薄饼时要在烤盘上进行，因为烤盘有热度，离开太久薄饼马上变硬就无法卷起，所以制作此道饼干要迅速。

♥ 若没有塑料垫可以找较厚的纸板代替，量出所需薄饼的大小，再用美工刀切割即可。

Chapter 6

特殊的风味饼干

饼干的变化不只是造型的不同，更是来自许多的口感变化，通过每种独特的口味，

一起来挑动我们的味蕾，让幸福从口中蔓延！

粉红蕾丝马卡龙

分量
约25个

⊙ 挤花饼干	
🌡 50℃→170℃	
✗ ★★★	
⏰ 65min	

Ingredients
材料

杏仁粉 ······ 60g
纯糖粉 ······ 80g
草莓香精 ······ 3滴
蛋白 ······ 55g
意大利蛋白糖霜 ··· 3g
细砂糖 ······ 55g

Pickled
夹馅

草莓巧克力 ······ 50g
动物性鲜奶油 ··· 35g
蔓越莓干 ······ 适量

Decorate
装饰糖霜

白色糖霜 ······ 少许

Steps
做法

1

取一钢盆，将杏仁粉及纯糖粉过筛两次，放入钢盆备用。

2

将蛋白与意大利蛋白糖霜放入钢盆中，用电动打蛋器打至起泡后，将细砂糖分两次加入，打至蛋白提起时有垂角但不滴落，即为蛋白糖。

3

接着滴入草莓香精拌匀。将杏仁粉及纯糖粉倒入打发好的蛋白糖中，以刀切的方式混合拌匀，为杏仁蛋白糊。

4

把杏仁蛋白糊装入带有平口裱花嘴的裱花袋中，烤盘上垫防粘布，挤出直径约2.6cm的圆形，室温放置10~20min风干。

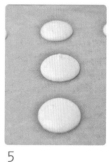

5

烤箱预热至50℃，将杏仁蛋白糊放在中层，烘烤15min，使表面干燥结皮、不湿黏后取出。

6

再将烤箱升温至170℃后，放入烤箱中继续烤15min，即为粉红色蛋白饼。

7

将草莓巧克力隔水加热熔化后，加入动物性鲜奶油拌匀成草莓巧克力浆。将粉红色蛋白饼反面朝上涂抹草莓巧克力浆，再放上切碎的蔓越莓干，两面合起，即完成粉红色马卡龙。

8

在粉红色马卡龙上用白色糖霜画蕾丝边即可。

 提示

♥ 粉类材料需过筛，避免结颗粒。

♥ 蛋白饼表面干燥结皮后，再升温继续烤才不容易裂。

♥ 草莓香精为调色用，亦可使用草莓粉或粉红色色素。添加液体时请少量少量增加，避免面糊太湿、挤出坍塌而无法成形。

♥ 若糖霜太湿黏，可再加入过筛的糖粉调整浓稠度。

♥ 杏仁蛋白糊以刀切的方式拌和即可，应避免过度搅拌而无法挤出立体圆饼。

♥ 纯糖粉会结粒，与一般糖粉不同，所以和杏仁粉必须多次过筛，使材料细致。

奶油橘子杯

○ 塑形饼干
♪ 210℃
✗ ★★★★
⏰ 15min

Ingredients
材料

无盐奶油 ⋯⋯⋯⋯ 65g
糖粉 ⋯⋯⋯⋯⋯⋯ 135g
橘子汁 ⋯⋯⋯⋯⋯ 65mL
低筋面粉 ⋯⋯⋯⋯ 40g
杏仁粉 ⋯⋯⋯⋯⋯ 35g
打发鲜奶油 ⋯⋯ 适量

Decorate
装饰糖霜

装饰糖花 ⋯⋯⋯ 适量

Steps
做法

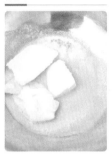

1

将无盐奶油加热熔化。

2

在无盐奶油熔化后，加入过筛的糖粉拌匀。

3

拌匀后接着加入橘子汁。

4

再加入过筛的低筋面粉、杏仁粉拌匀成面糊状。

5

烤盘上垫防粘布，用汤匙将面糊舀到烤盘上，用汤匙抹平为薄片（直径约8cm）。

6

放进已预热至210℃的烤箱中，烘烤8min至表面呈现金黄色。趁热将其放入小模中稍弯折，使其定型为杯状，即可装入打发鲜奶油及装饰糖花。

提示

♥ 趁热将橘子面片用两个蛋挞模上下夹起使其定型，冷却后就会出现杯状饼干体。
♥ 可用植物性鲜奶油，稳定性高，装饰起来会较美观。
♥ 橘子杯可以用来装冰淇淋或蜜糖吐司，都是不错的组合。

草莓
巧克力棒

分量
30支

- 塑形饼干
- 180℃
- ★★★★
- 25min

Ingredients
材料

低筋面粉	80g
小苏打粉	1g
细砂糖	15g
盐	1g
无盐奶油	10g
水	30g
草莓巧克力（含果粒）	120g
苦甜巧克力	120g
杏仁角	适量

1

将过筛的低筋面粉及小苏打粉放入钢盆中，再依序放入细砂糖、盐、无盐奶油及水，用手稍加搓揉成团状，松弛10min。

2

取出放置在桌面上，用手拍扁后，用擀面棍擀成长方形。

3

用刀切成宽约0.8cm的细长面条。

4

左右手各抓面条一端。

5

将面条朝一前一后的反方向扭转。烤盘上垫防粘布，将面条全部排在烤盘上。

6

放进已预热至180℃的烤箱中，烘烤12min，至表面呈现金黄色，即为饼干棒。

7

饼干棒烤好后，移至平盘上放凉。

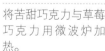

8

将苦甜巧克力与草莓巧克力用微波炉加热。

9

放凉的饼干棒分次浸到草莓巧克力或苦甜巧克力里，用刷子均匀地刷上熔化的巧克力。

10

饼干棒上黏附的巧克力未干时，可以再撒上烘烤过的杏仁角，别有一番风味。取出，放置在烘烤纸上，等待巧克力凝固即可。

提示

♥ 面条排整齐，太长可用刮板切齐。将剩余的面团合到一起，用手再搓成细条状。

♥ 熔化巧克力时，巧克力锅中切勿有水分，也不可直火熔化巧克力，否则会破坏巧克力品质。

♥ 饼干棒黏附巧克力时，可用刷子将饼干棒均匀刷上巧克力，也较美观。

♥ 选择含果粒的草莓巧克力风味更好。

♥ 剩余的巧克力，可回收再使用。

美式
巧克力豆
曲奇

分量
20个

 塑形饼干

180℃

★★★★★

20min

Ingredients
材料

无盐奶油	85g
细砂糖	30g
二砂糖	30g
全蛋液	50g
低筋面粉	170g
耐烤巧克力豆	60g

Steps
做法

1

将无盐奶油、细砂糖及二砂糖放入钢盆中，打成乳霜状。

2

先加入一些打散的全蛋液拌匀，再分次加入全蛋液拌打均匀。

3

加入过筛的低筋面粉。

4

用橡皮刮刀拌匀成团。

5

将面团平均分割为20个。

6

用手滚圆后，放在垫有防粘布的烤盘上压扁。

7

最后将耐烤巧克力豆压入（每个约7颗）。

8

放进已预热至180℃的烤箱中，烘烤15min，至表面呈现金黄色即可。

 提示

♥ 全蛋液要分次加进去，否则容易油水分离。

♥ 如果油水分离，可以多加点低筋面粉拌成团。

♥ 耐烤巧克力豆非一般巧克力块或巧克力砖，烘烤后不容易熔化，一般烘焙材料店皆有售。

杏仁酥条

分量
32个

Ingredients
材料

🍪 酥皮饼干	**酥皮**·········4片
🍴 180℃	**蛋白**·········15g
✕ ★★★★★	**糖粉**·········70g
🕐 20min	**杏仁片**·········适量

Steps
做法

1 将蛋白加入过筛的糖粉拌匀至浓稠状，即为蛋白糖。

2 将酥皮放置在烤盘上，均匀涂抹蛋白糖，撒上杏仁片。

3 用刀切割成8块，排列整齐。

4 放进已预热至180℃的烤箱中，烘烤12～15min，至酥皮膨胀起来、表面呈现金黄色，即为杏仁酥条。

提示
♥ 蛋白糖太稀，会使杏仁片粘不住，流出酥皮外。
♥ 杏仁片亦可用杏仁角取代。
♥ 酥皮不需退冰，从冰箱中取出后可以直接使用。
♥ 杏仁片尽量平铺在蛋白糖上，使其均匀地黏附在蛋白糖上。
♥ 烘焙后掉落的杏仁片也不要丢弃，可以回收后下次加入饼干面团中。

玫瑰花酿饼干

分量
40片

⊞ 冷冻饼干

🥄 180℃

✖ ★★★★★

🕐 90min

Ingredients
材料

无盐奶油 ············· 85g
细砂糖 ··············· 10g
盐 ··················· 少许
全蛋液 ··············· 25g
低筋面粉 ············· 150g
玫瑰花酿 ············· 50g
二砂糖 ··············· 适量

Steps
做法

1
将无盐奶油、细砂糖
与盐放入钢盆中，打
成乳霜状。

2
加入全蛋液拌打均
匀。

3
再加入过筛的低筋面粉、玫瑰花酿拌匀成
团。

4
将面团搓成长条状，用保鲜膜或塑料袋包
起，放入冰箱冷冻1h。

5
从冰箱中取出后，先裹入二砂糖再切片（需
边滚转边切）。

6
放在垫有防粘布的烤
盘上。

7
放进已预热至180℃
的烤箱中，烘烤
15min，至轻推可移
动即可。

提示

♥ 亦可添加玫瑰花瓣增加香气。
♥ 步骤5在切片时，避免因切刀施力往下压而造成底部面团扁平，所以需
边滚转边切。

巧克力
杏仁片

分量
约**30**个

冷冻饼干

180℃

★★★★★

90min

Ingredients
材料

无盐奶油	70g
细砂糖	70g
蛋黄	20g
低筋面粉	100g
可可粉	10g
杏仁片	40g

Steps
做法

1
将无盐奶油及细砂糖放入钢盆中拌匀，加入蛋黄搅拌均匀。

2
加入过筛的低筋面粉、可可粉，拌至还有干粉的状态，加入杏仁片拌匀成团。

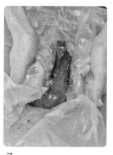   

3
拌好后用塑料袋将面团整形成圆柱状，放入冰箱冷冻1h。

4
冷冻后，取出切成约0.5cm厚的薄片。

5
排入放有防粘布的烤盘上。

6
放进已预热至180℃的烤箱中，烘烤10~15min，至表面呈现金黄色即可。

提示

♥粉类拌好后，再加入杏仁片比较不容易拌匀，所以拌至还有干粉的状态，再加入杏仁片。

♥这款冰箱小西饼一次可以多做一些，放入冰箱冷冻可保存两个月。招待亲友时，随时取出切片即可烘烤，是烘焙新手入门制作的简单饼干之一。

豆沙椰子球

分量

26个

◎ 塑形饼干
🌡 170℃
✗ ★★★★★
⏰ 35min

Ingredients
材料

无盐奶油	20g
细砂糖	40g
全蛋液	30g
椰子粉	75g
奶粉	65g
豆沙馅	130g

Steps
做法

1
将无盐奶油、细砂糖放入钢盆中，打成乳霜状。

2
分次加入全蛋液拌打均匀。

3
加入椰子粉及过筛的奶粉拌匀成团，分割成26份。

4
将豆沙馅搓成长条状，分割成26个，每个5g。

5
将分割好的面团包裹豆沙馅。

6
放在垫有防粘布的烤盘上。

7
放进已预热至170℃的烤箱中，烘烤25min，至表面呈现金黄色即可。

提示
♥ 如果太湿黏可以增加椰子粉。
♥ 豆沙馅可以换成自己喜欢的内馅。

核桃酥

◉ 塑形饼干
🥄 180℃
✗ ★★★★★
⏰ 25min

Ingredients
材料

绵白糖	35g
细砂糖	50g
盐	1g
猪油	85g
全蛋液	15g
低筋面粉	175g
小苏打粉	2g
泡打粉	1g
碎核桃	30g

Steps
做法

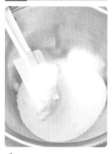

1
将绵白糖、细砂糖、盐及猪油一起放入钢盆中拌匀。

2
再加入全蛋液拌匀。

3
最后加入过筛的低筋面粉、小苏打粉、泡打粉及碎核桃拌匀成团。

4
将面团分割，每个约30g，用手搓圆。

5
放在垫有防粘布的烤盘上，用手掌压扁，表面再刷上蛋液（分量外）。

6
中间按压一个坑。

7
放进已预热至180℃的烤箱中，烘烤15min，至表面呈现金黄色即可。

提示
♥ 核桃酥中间按压一个坑可以做造型变化，或在中间放杏仁粒。
♥ 想要口感更酥的话，可以在面团中加入碳酸氢铵，俗称臭粉。它通常作为食品膨松剂使用在含水量少的食品中，如泡芙、油条等，亦可用小苏打粉代替。

丹麦曲奇

分量
约30个

挤花饼干
180℃
★★★★★
20min

Ingredients
材料

无盐奶油	70g
细砂糖	45g
盐	1g
全蛋液	35g
高筋面粉	100g
草莓果酱	适量
橘子果酱	适量
蓝莓果酱	适量

Steps
做法

1
将无盐奶油及细砂糖、盐放入钢盆中，用电动打蛋器打成乳霜状。

2
全蛋液分次加入拌打均匀。

3
最后加入过筛的高筋面粉，用橡皮刮刀拌匀成面糊状。

4
取一裱花袋，放入锯齿状的裱花嘴，装入拌匀的面糊挤出花纹。

5
将草莓果酱、橘子果酱、蓝莓果酱分别装入三明治袋中，前端剪一个小洞，在挤出的花纹中间填入果酱装饰。

6
放进已预热至180℃的烤箱中，烘烤约15min，至表面呈现金黄色，即为丹麦曲奇。

提示

♥ 每团挤出的面糊中间需留有空隙，否则烘烤胀大会粘在一起。

♥ 草莓果酱先搅拌一下，尽可能将果酱内的颗粒弄碎，否则在填入时会卡在三明治袋中，挤不出来。

♥ 面粉过筛可使产品更细致。

葡萄干
小西饼

分量
20个

塑形饼干
180℃
★★★★★
35min

Ingredients
材料

葡萄干	35g
朗姆酒	适量
无盐奶油	80g
细砂糖	45g
盐	1g
全蛋液	20g
奶粉	15g
低筋面粉	110g
泡打粉	1g

Steps
做法

1

将葡萄干先浸泡在朗姆酒中。

2

将无盐奶油、细砂糖与盐放入钢盆中，打成乳霜状，加入全蛋液拌打均匀。

3

加入过筛的奶粉、低筋面粉、泡打粉拌匀成团，最后加入葡萄干。

4

将面团分割成20个。

5

滚圆后，将面团搓成橄榄形。

6

放在垫有防粘布的烤盘上，用毛刷刷上蛋液（分量外）。

7

放进已预热至180℃的烤箱中，烘烤10～15min，至表面呈现金黄色即可。

提示

♥ 可预先将葡萄干在朗姆酒中浸渍，风味更佳。
♥ 葡萄干不可裸露在面团外，以免烘烤时焦化变苦。
♥ 面团尾端不可以搓太尖，否则容易焦。

罗蜜亚
杏仁脆糖

分量
35个

🔘 挤花饼干
🥄 180℃
✕ ★★★
⏰ 25min

Ingredients
材料

全蛋液 ·········· 60g
无盐奶油 ·········· 120g
糖粉 ·········· 140g
盐 ·········· 2g
低筋面粉 ·········· 200g

Decorate
杏仁脆糖

细砂糖 ·········· 40g
葡萄糖浆 ·········· 40g
无盐奶油 ·········· 20g
杏仁片 ·········· 55g

Steps
做法

1

将全蛋液、无盐奶油、糖粉、盐、过筛的低筋面粉放入钢盆中拌匀，即为饼干面糊。

2

取一裱花袋，放入罗蜜亚裱花嘴，装入拌匀的饼干面糊，挤出35个中空的花纹面糊。

3

将细砂糖、葡萄糖浆、无盐奶油放入锅中煮至118℃，再放入杏仁片拌匀。

4

趁热切成长条形。

5

再分切成35个小块，搓成小圆球，放凉后即为杏仁脆糖。

6

将杏仁脆糖放入中空的花纹面糊中。

7

放进已预热至180℃的烤箱中，烘烤10~15min。

8

至表面呈现金黄色，即为罗蜜亚杏仁脆糖。

 提示

♥ 如果没有温度计，可另外准备一碗冷水，将细砂糖、葡萄糖浆、无盐奶油放入锅中煮至浓稠后，滴入冷水中，如果可以捏出一个小软球，即可拌入杏仁片。

♥ 面粉过筛可使产品更细致，用裱花嘴挤出面糊时也不会因有颗粒而堵住洞口挤不出来。

♥ 杏仁脆糖放入中空的花纹面糊中不要太多，即使没有用完直接吃也很好吃，放太多烘烤时会溢出，影响美观。

图书在版编目（CIP）数据

网络达人妈妈教你做72款可爱造型饼干 / 冯嘉慧著；周祯和摄.—郑州：河南科学技术出版社，2014.8
ISBN 978-7-5349-7200-3

Ⅰ.①网… Ⅱ.①冯… ②周… Ⅲ.①饼干-制作 Ⅳ.①TS213.2

中国版本图书馆CIP数据核字（2014）第162531号

出版发行　河南科学技术出版社
　　　　　地址：郑州市经五路66号　　邮编：450002
　　　　　电话：（0371）65737028　　65788613
　　　　　网址：www.hnstp.cn
策划编辑　刘　欣
责任编辑　葛鹏程
责任校对　柯　姣
封面设计　张　伟
责任印制　张艳芳
印　　刷　北京盛通印刷股份有限公司
经　　销　全国新华书店
幅面尺寸　190 mm×255 mm　　印张：11.5　　字数：200千字
版　　次　2014年8月第1版　　2014年8月第1次印刷
定　　价　49.00元